例題で学ぶ図学

新装版

第三角法による図法幾何学

伊能教夫・小関道彦 共著

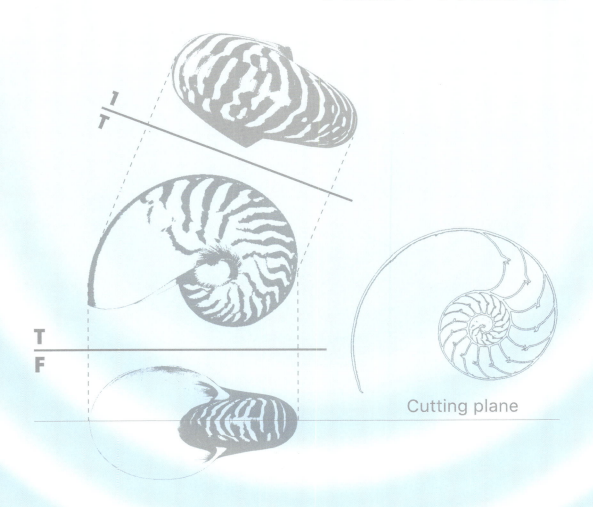

森北出版株式会社

●本書の補足情報・正誤表を公開する場合があります．当社 Web サイト（下記）
で本書を検索し，書籍ページをご確認ください．

https://www.morikita.co.jp/

●本書の内容に関するご質問は下記のメールアドレスまでお願いします．なお，
電話でのご質問には応じかねますので，あらかじめご了承ください．

editor@morikita.co.jp

●本書により得られた情報の使用から生じるいかなる損害についても，当社およ
び本書の著者は責任を負わないものとします．

JCOPY　〈（一社）出版者著作権管理機構　委託出版物〉
本書の無断複製は，著作権法上での列外を除き禁じられています．複製される
場合は，そのつど事前に上記機構（電話 03-5244-5088，FAX 03-5244-5089，
e-mail: info@jcopy.or.jp）の許諾を得てください．

まえがき

　本書は，1年次理工系学生の基礎科目の一つである図学（図法幾何学）の教科書である．「図法幾何学」という言葉は，3次元形状を紙面で論理的に表現する学問を意味し，現在でも図学の根幹部分となっている．図法幾何学は，今から200年ほど前にモンジュ（Gaspard Monge）によって体系化され，実学的学問として位置づけられ今日に至っている．ただし現在では，図形に関するほとんどの事柄はCADを代表とするコンピュータソフトウェアで手軽に処理できるようになっており，図法幾何学の直接的な実用価値は以前よりも薄れていることは否めない．

　しかしながら，図法幾何学という学問を通して，3次元物体の特徴を理解し，空間把握能力を養成するという観点では，図法幾何学の重要性は現在でもまったく失われていないように感ずる．なぜなら，コンピュータが出力する3次元立体像を受け身で眺めているだけでは，空間把握能力は身に付かないからである．とくに，新たなものを創出する際には，具体的な形を自分の脳内でイメージすることが重要となる．図法幾何学の問題を解くときに用いる前近代的ともいえる道具（紙，鉛筆，定規，コンパス）は，実はこのイメージの訓練に適していると筆者らは考えている．

　本書の特徴は，図法幾何学の中心概念である「投影」を軸にして，徐々に複雑な形を扱いながら種々の作図法を学ぶ筋立てにした点にある．このため，「投影」の考え方を説明する図を多数加え，説明文は「なぜそうなるか」を意識して記述することを心がけた．また，作図問題と作図解を別の図で示し，作図問題の解法を理解しやすいように工夫した．

　図面の表示は第三角法に統一した．これは，日本において機械系の設計図面が第三角法を採用している理由による．ただし，本書は図法幾何学の教科書であるので，製図に関しては最小限の約束事に留めている．

◆本書の構成と学習について

　本書の構成の模式図を，次ページに示す．本書は，半年間で図法幾何学の基礎を習得することを念頭に，全8章で構成されている．第1章から第5章までが正投影法に基づく作図法を扱っており，ここが図法幾何学の核心部分である．第6，7章は，形の立体表現を扱っている．ここまでが「投影」の考え方に基づいて記述している．第8章「立体の展開」は「投影」に属する内容ではないが，前章までの学習で容易に理解できるはずである．

　各章の関係が理解しやすいように登山にたとえてみよう．われわれはまず，第5章の山頂を目指して第1章から一歩一歩学んでいくことになる．この段階で，さまざまな作図法を学んでいく．山頂までたどり着くと眺望が開ける．登山中には見えなかった別の山々（第6章，第7章，第8章）が広がっている景色が見渡せるのだ．これらの山々にも，尾根伝いに歩いていけば，難しくなく行けそうだ．それでは，さっそくこの登山に必要な筆記用具を携えて，図法幾何学の学習を始めよう．

⟨本書の構成⟩

正投影を基本とする図法幾何学

第 1 章　図法幾何学の基礎
▼
第 2 章　副投影法による作図
▼
（立体作図問題の準備）
第 3 章　交点，交線の作図法
第 4 章　曲面表現と接触
▼
第 5 章　立体の切断と相貫

形の立体表現（正投影以外の投影法）

第 6 章　軸測投影と斜投影
第 7 章　透視投影

第 8 章　立体の展開

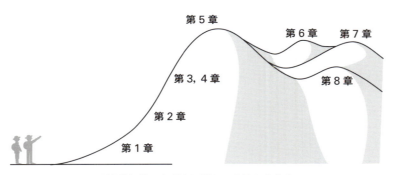

図法幾何学の山頂を目指して出発しよう！

新装版の発行にあたって

　本書は 2009 年の発行以来，多くの学校で教科書としてご採用いただいてきました．このたび，よりいっそう使いやすい教科書となるように，2 色刷として，レイアウトを一新しました．
　2019 年 9 月

出版部

もくじ

まえがき ——————————————————————————————————— i

第1章 図法幾何学の基礎 ——————————————————————————— 1
  1.1 図学（図法幾何学）を学ぶ意味 　1
  1.2 第三角法による立体表現 　1
  1.3 直線の実長と角度 　6
  1.4 副投影法 　8
  1.5 回転法 　10
  1.6 作図に使用する添え字，線，寸法表示 　12
  1.7 機械製図の図面との違い 　13
  第1章 練習問題 　15

第2章 副投影法による作図 ——————————————————————— 19
  2.1 点視図，直線視図，端形図 　19
  2.2 1回の副投影による作図法 　20
  2.3 2回の副投影による作図法 　23
  2.4 副投影法による作図問題 　25
  第2章 練習問題 　30

第3章 交点および交線の作図法 ————————————————————— 32
  3.1 立体作図問題に必要な作図法 　32
  3.2 平面と直線の交点の求め方 　33
  3.3 平面どうしの交線の求め方 　36
  第3章 練習問題 　38

第4章 曲面の表現と接触 ——————————————————————— 40
  4.1 母線による曲面表現 　40
  4.2 曲面と平面の接触 　41
  第4章 練習問題 　47

第5章 立体の切断と相貫 ——————————————————————— 48
  5.1 切断面 　48
  5.2 立体の相貫 　50
  第5章 練習問題 　55

iv

第6章 軸測投影と斜投影 ──────────────────────────────── 57
    6.1 投影の種類　　57
    6.2 軸測投影と等測図　　58
    6.3 斜投影（斜軸測投影）　　61
    第6章　練習問題　　66

第7章 透視投影 ───────────────────────────────────── 67
    7.1 透視図　　67
    7.2 直接法　　68
    7.3 消点法　　71
    7.4 鉛直方向成分の幅が狭くならない理由　　82
    第7章　練習問題　　83

第8章 立体の展開 ─────────────────────────────────── 86
    8.1 展開と展開図　　86
    8.2 柱面の展開　　87
    8.3 錐面の展開　　88
    8.4 近似展開　　90
    第8章　練習問題　　93

付　録　「作図の作法」 ─────────────────────────────── 95
    A.1 与えられた点を通る垂直線の作図　　95
    A.2 与えられた点を通る平行線の作図　　95
    A.3 直線を二つに分割する作図　　96
    A.4 直線を等分割する作図　　96
    A.5 与えられた点を通る円の接線の作図　　96
    A.6 二つの円の共通接線の作図　　97
    A.7 円周の長さを求める作図　　97
    A.8 重なり状態の判定法　　98

練習問題解答 ─────────────────────────────────────── 100
あとがき ─── 120
さくいん ─── 121

第1章　図法幾何学の基礎

本章では，図法幾何学の基礎的な事柄について学ぶ．とくに副投影法とよばれる図形の描き方は，次章以降の内容と密接に関わってくるので，十分に理解する必要がある．

1.1　図学（図法幾何学）を学ぶ意味

図法幾何学は，図形を作図の観点から論理的に考える学問である．具体的には，図形問題を，数式を一切使わずに作図によって解を導く手法を学ぶ．図形問題を解くには，図形が置かれた3次元空間を頭の中でイメージする能力が不可欠である．この図形をイメージする能力は，図形問題を解くためだけでなく，新しいものを創り出すときにも必要となる．CAD（Computer Aided Design）に代表される，物体を3次元化するツールは製品設計に有用であるが，創り出したいものが頭の中でイメージできなければ有効活用することはできない．

◆図法幾何学と論理的思考

図学は数式を使わないので，直感だけで解が得られると思われがちであるが，図形問題を解くにも論理的思考は必要である．つまり，問題を解く筋道を頭の中で描いておく必要がある．この論理的思考も，新しいものを創り出すときに必要になってくる．また，3次元的な物理現象の原理を理解するときにも役立つはずである．

このような，形をイメージする能力と，形を扱う論理的思考は，図形把握能力，空間把握能力と深く関係している．図学の授業では，図形問題を解くことによってこれらの能力を養うことを目的としており，その修得を作図を通して行う．なお，図形問題を解くには，最低限知っておかなければならない「作図の作法」がある．これについては，巻末付録としてまとめたので，実際の作図を行う前に確認しておいてほしい．

1.2　第三角法による立体表現

3次元空間内の立体の形を他者に説明する場合，一般的に，2次元の図面に描くことが行われる．とくに人工物を製作するときには，この図面は設計図としての役割を果たす．この3次元の形を2次元平面上に映し出す操作を投影とよび，投影された面を投影面とよぶ．また，投影面上の形を紙面に表現することを作図という．

投影は図学の中心概念であり，これから頻繁に登場する．投影の身近な例としては，図 1.1 に示す影絵あそびがあり，物体の形状に関する情報を得る原理は本質的に同じである．この節では，図法幾何学を学習するうえで必要な基本事項について説明する．

図 1.1　影絵あそび（障子に映った影）

1.2.1　正投影について

図法幾何学でもっとも重要な投影方法は正投影である．本書では，第5章まで正投影を扱う．正投影は，対象物を投影面に対して垂直に投影する方法である．たとえば，対象物が直方体の場合，正投影は図 1.2（a）のように配置して投影される．図（b）は，対象物と投影面の関係がわかりやすいように，2次元的に描いた図である．つまり，観察者（われわれ）が見ているのは対象物そのものではなく，投影面に映る形ということになる．実際の作図もこの配置を頭に入れて，投影面上に映る対象物の形を考える．

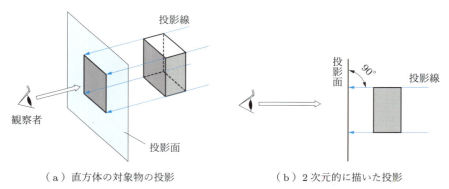

（a）直方体の対象物の投影　　　　　　（b）2次元的に描いた投影

図 1.2　正投影

正投影を行うには，投影面に対して垂直に入射する平行な投影線を考える．この投影線が対象物の形を決めている箇所（特徴点）を貫き，投影面と交わる箇所が図形情報となる．正投影では，対象物を適切な向きに配置すれば，物体の大きさを正確に反映した図面が得られるという特長がある．たとえば，直方体の場合は，図 1.2 のように配置すれば，投影面と平行となった直方体の面の形が，正確に投影面に反映される．

1.2.2　第三角法について

本書で学習する正投影による作図の方法は，第三角法とよばれている．このよび方は，図 1.3 に示す空間の象限表示において，物体を第三象限内の空間に置いて作図することに由来している．図 1.4 は物体と投影面の関係を立体的に示したものであり，右側から物体を観察する向きで描い

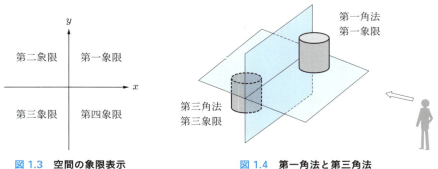

図 1.3　空間の象限表示　　　　図 1.4　第一角法と第三角法

ている．つまり第三角法は，垂直および水平な投影面に，対象物の形状を投影する作図法である．

正投影にはもう一つ別の表現方法があり，**第一角法**とよばれている．こちらは第一象限に物体を置いて二つの投影面に形を映し出す方法である．日本の機械工学分野の製図では，第三角法で描くことになっているので，本書でも第三角法の表現に従う．

1.2.3　投影面と図面

第三角法では，第三象限内に物体が置かれることを前提とし，投影面に映された物体の形を扱う．第三角法の考え方を一般化すると，**図 1.5** に示すような投影面で囲まれた箱の中に物体が入っている設定になる．この各投影面に映し出される物体の形が図面となる．物体の形が複雑になると，形の情報を正確に伝えるために，いろいろな方向から投影した図面が必要になる．逆に形が単純ならば，二つの方向から投影した図面でも正しく伝えることができる．**図 1.5** は，代表的な三つの投影面（**正面**，**水平面**，**右側面**）を示している．これら投影面に映る形は，観察者が物体を眺める方向を変えることによっても得ることができる．つまり，観察者が**図 1.5** に示した Front view，Top view，Right-side view として眺めると，物体が正面，水平面，右側面に投影された形となる．正面，水平面，右側面の三つは正投影の基本となる投影面であり，総称して**主投影面**とよぶ．

◆ **投影面から図面への変換**

次に，投影面と図面の関係を説明しよう．図面は 2 次元平面なので，**図 1.5** の立体的な投影面を，平面的な図面に変換する必要がある．この図面への変換は，図法幾何学の中でもっとも基本となる部分なので，**図 1.6** を使って詳しく説明する．

図 1.6 (a) は，**図 1.5** と同様の箱状の投影面である．これを**図 (b)** のように，水平面と右側面の境界を切り離して平面になるように広げると，**図 (c)** になる．これが図面上の主投影面（水平面，正面，右側面）の配置である．このように，箱状の投影面から図面配置へ変換する対応関係によって，第三角法では，**図 (d)** のように配置された**正面図**，**平面図**，**右側面図**が用いられている．これら三つの図を**主投影図**とよぶ．図面の間に描かれた線は**基準線**とよばれ，図法幾何学では重要である．これについて次項で説明しよう．

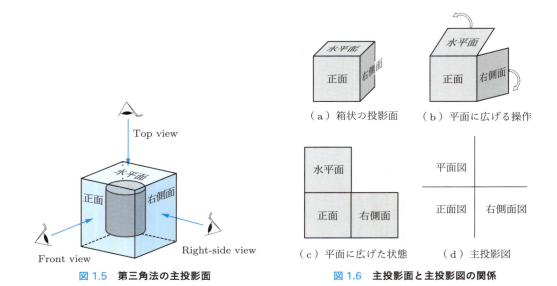

図 1.5　第三角法の主投影面　　　　図 1.6　主投影面と主投影図の関係

1.2.4　基準線について

　図法幾何学では，各投影面の位置関係を明示するために基準線を入れる．この基準線は，対象物体が入る直方体の箱を想定し，この箱の面に物体の形が投影されていると考えると理解しやすい（図1.5を参照のこと）．つまり，基準線は直方体の箱のエッジ部分に相当する．基準線は，各投影面の位置関係を示す役割があり，図法幾何学では非常に重要である．本書では，基準線を示す記号として二つの投影面を示す文字を " / " で結合した記述を用いる．たとえば，次項で述べるように，平面図にはT，正面図にはFの記号を用いるので，平面図と正面図の間の基準線は，T/FもしくはF/Tと記述する．

1.2.5　図面の幾何学的関係

　正面図，平面図，右側面図の幾何学的関係を確認するために，立体の基本となる点の投影について考える．図1.7(a)に示すように，1個の点は，それぞれの投影面に対して垂直に投影される．投影面上に描かれているT，F，Rの記号は，投影面の種類を示しており，記号Fは正面図（Front view），記号Tは平面図（Top view），記号Rは右側面図（Right-side view）を意味する．図法幾何学では，投影図を連携させながら解を導く図形処理を行うので，この記号は重要である．

　図1.7(a)に示す点の主投影図は，図(b)のようになる．点の投影は，正面図と平面図だけで図形情報は十分である．そのため本来は右側面図は不要であるが，ここでは平面図と右側面図の位置関係（基準線T/FおよびR/Fからの距離L）を確認するために加えている．なお，図1.7では対象とする点をA，投影点をa_T，a_F，a_Rと表現している．つまり，対象物そのものは大文字で示す．そして，それを投影面に投影した図面では小文字で表記し，投影面の種類（T，F，R）を右下に添え字で付ける．

◆直線を投影する場合

　直線の投影の場合は，二箇所の点が与えられれば投影図を描ける．図1.8に一例を示す．この場合も，主投影図どうしの位置関係を確認するために右側面図も入れている．立体の場合も同様

に，立体形状の特徴点に注目して描くことができる．図 1.5 に示した円柱の場合は，図 1.9 の投影図となる．円柱では，正面図と平面図のみで形が容易に判明するので，右側面図は描く必要はないが，ここでは幾何学的関係を確認するために加えている．

図 1.9 には一点鎖線も描かれているが，これは円柱の対称軸および中心を表している．なお，図学では円や球の中心を十字（＋）や点（・）で示すこともある．参考のため，図 1.10 に球の表記例を示す．

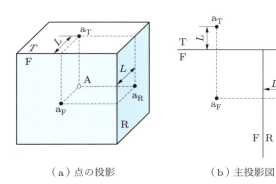

（a）点の投影　　　　（b）主投影図

図 1.7　点の投影と主投影図
（平面図と右側面図の位置関係に注意）

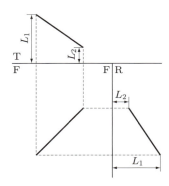

図 1.8　直線の主投影図

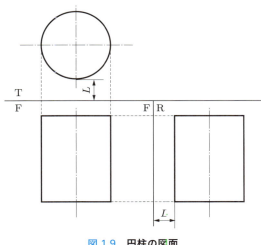

図 1.9　円柱の図面

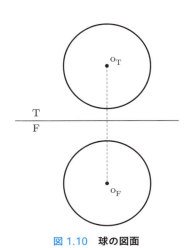

図 1.10　球の図面

例題 1-1　直線の作図

図 1.11 (a) に示す直線の右側面図を描け．

解答

図 (b) となる．正面図の a_F, b_F より対応線を水平に延ばし，基準線 F/R から L_1, L_2 の長さで a_R, b_R を定める．なお，解答図に記入した L_1, L_2 は，対応関係を説明するために使用したものであり，実際の作図演習では寸法情報は記入する必要はない．

6　第 1 章　図法幾何学の基礎

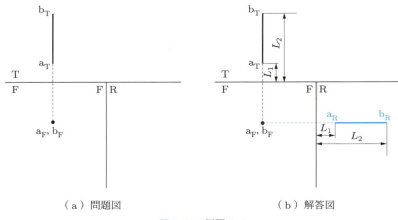

図 1.11　例題 1–1

例題 1-2　立体の作図

図 1.12 (a) に示す立方体と半円柱で構成される立体の右側面図を描け．

解答

図 (b) となる．例題 1-1 と同様に作図する．半円柱に隠れて見えない部分は破線で描く．

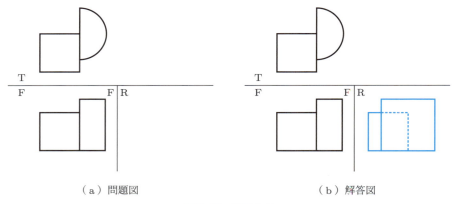

図 1.12　例題 1–2

1.3　直線の実長と角度

　本節では，直線の図形操作について学ぶ．直線は立体形状を表現する基本要素であり，直線の図形操作は種々の図形問題を解くときの必須事項であるので，よく理解しておいてほしい．まず，直線の長さと投影面に対する角度の求め方に関する図形操作について説明しよう．

　直線が，正面または水平面に対して平行に配置されている場合は，直線の**実長**（実際の長さ）と角度（水平面あるいは正面となす角度）は，図 1.13 に示すようにただちに求められる（図面にそのまま表現される）．このとき，投影図のどちらかは基準線 T/F と平行になっている．

　これに対して，図 1.14 のように正面にも水平面にも平行でない場合は，主投影図上に実長や

1.3 直線の実長と角度　7

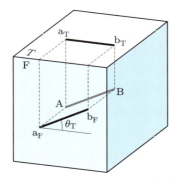 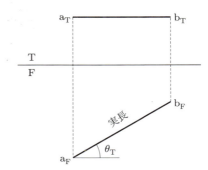

（a）直線が正面に平行な場合

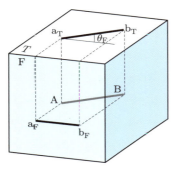 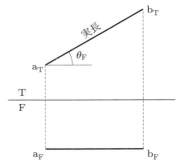

（b）直線が水平面に平行な場合

図 1.13　実長と角度がただちに求められる直線の配置と投影図

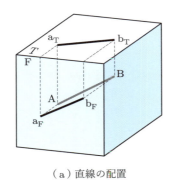 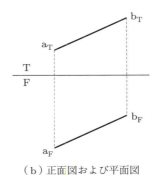

（a）直線の配置　　　　　　（b）正面図および平面図

図 1.14　実長と角度がすぐには求められない直線の配置と投影図

直線は正面にも水平面にも平行に置かれていないため，主投影図に実長および投影面となす角度が現れない．

角度が表現されない．このとき，正面図と平面図に描かれた直線はどちらも基準線 T/F と平行ではない．このような直線の配置で実長や投影面となす角度を求めるには，図形操作を行う必要がある．

直線の実長あるいは正面，水平面との角度を図法幾何学的に求める方法として，**副投影法**と**回転法**がある．以下の節で，二つの図形操作について説明しよう．

1.4 副投影法

副投影法は，対象物を動かさずに視点を変えて図形を作図する方法である．ただし，頭の中で視点を変えて物体の形を考えるのは大変なので，図面上で補助的な投影面を用いて作図する．この補助的な投影面は，主投影面で囲まれた箱を平面でカットした面と考えると理解しやすい．**図 1.15** は，[水平面に対して垂直] かつ [水平面上に投影された直線に対して平行] な平面でカットしてできる投影面（副投影面 1 と表示）を示している．このカットしてできた投影面に対して，対象物（直線）を垂直に投影した線分は実長を示していることがわかる．また，水平面となす角度（θ_T）も，この投影面上に示されている．このように，主投影面とは別の投影面に投影することを**副投影**とよび，副投影を行う投影面を**副投影面**，作図した図面を**副投影図**という．

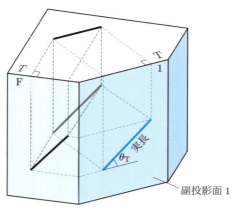

図 1.15 副投影法

◆副投影法の作図

図 1.15 の副投影面付きの箱を 2 次元の図面として表すには，**図 1.16（a）** に示す三つの投影面に着目し，これらを外側に広げるように展開する（**図 1.16（b）**）．さらに平面状に展開すると，**図 1.17（a）** のようになる．ただし，図面では基準線以外の投影面の枠の形は不要なので描かない．このため，図法幾何学で用いる図面は**図 1.17（b）** になる．この図面で副投影用に設定した

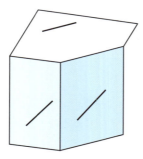

（a）正面，水平面，副投影面に注目

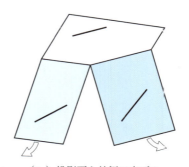

（b）投影面を外側に広げる

図 1.16 図面の展開（副投影法の作図を理解するための参考図）

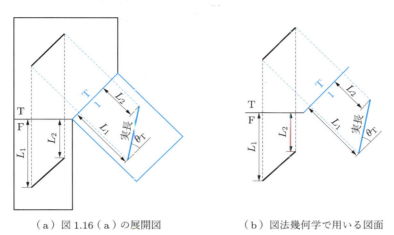

（a）図1.16（a）の展開図　　　　（b）図法幾何学で用いる図面

図 1.17　副投影法の作図

基準線を**副基準線**とよび，T/1 と表記する．

副基準線 T/1 は，図 1.18 のように平面図上に描かれた直線と平行ならば，適当な位置に設定してよい（もちろん作図が紙面内に収まることが前提である）．副基準線 T/1 を移動させても，副基準線 T/1 からの距離（L_1, L_2）が基準線 T/F からの距離に等しくなっていることは，図 1.15 を見れば明らかであるが，大事な幾何学的性質である．

上記の例では，水平面に垂直な向きで副投影面を設定したが，図 1.19 に示すように，正面に垂直な副投影面を設定しても，同様の作図（図 1.20）で実長を求めることができる．この場合は，正面となす角度（θ_F）が副投影図から得られる．

◆**副投影面設定のルール**

以上のように，副投影法の要点は，形の特徴が把握しやすい投影面を設定して作図することである．また，副投影面を設定する際には，基準となる面に対して必ず垂直な関係を保つことが重要なルールとなる（副投影面をこのように設定しないと作図ができない）．このルールは，副投影面を基準にして，さらに投影面を設定する場合にも，まったく同様に適用される．なお，副投

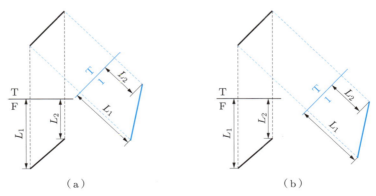

（a）　　　　　　　　　　　（b）

図 1.18　副基準線の位置について

幾何学的関係が保たれていれば，副基準線の位置は自由に設定できる．（a）と（b）はまったく等価である．

10　第1章　図法幾何学の基礎

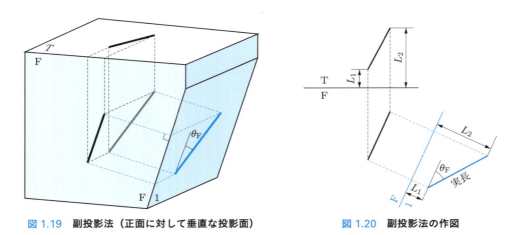

図 1.19　副投影法（正面に対して垂直な投影面）　　図 1.20　副投影法の作図

影を行ったことを示すために，副投影面を数字の1を用いて表す．副投影の数が図面上で増えるに従って，副投影面を示す数字も2, 3と増加する．

例題 1–3　正面図の作図

図 1.21 (a) のように直線 AB の平面図と副投影図が与えられている．正面図を描け．

解答

図 (b) となる．副投影図上の a_1, b_1 と副基準線 T/1 からの距離 L_1, L_2 を求め，平面図上の a_T, b_T と対応する点 a_F, b_F を正面図に定める．

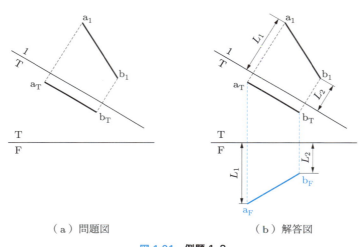

（a）問題図　　　　　　　　　（b）解答図

図 1.21　例題 1–3

1.5　回転法

見やすい方向に視点を変えて描くのが副投影法であるのに対し，立体の向きを変えて正面，あるいは水平面に投影させるのが**回転法**である．図 1.22 は，水平面に対して垂直な直線 AC を設

1.5 回転法　11

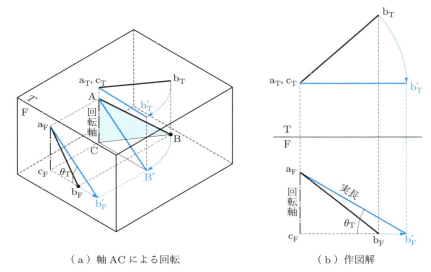

（a）軸ACによる回転　　　　　　　　（b）作図解
図1.22　回転法（水平面と垂直な軸周りに回転する場合）
直線ACの軸周りに直線ABを回転させ，正面と平行にする．正面図に直線ABの実長と角度 θ_T が求められる．

け，この軸周りに直線ABを矢印の方向へ回転させ，正面に対して平行な配置にする操作とその作図である．回転により移動する点Bの新しい位置を，文字の右肩に'（ダッシュ）を入れて示している．正面図の直線 $a_F b'_F$ が直線ABの実長となっており，直線が水平面となす角度（θ_T）も得られる．

同様に，図1.23のように，正面に対して垂直な直線ACの軸周りに直線ABを回転させて，水

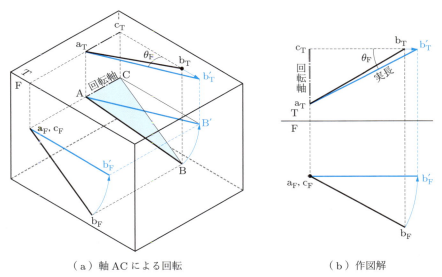

（a）軸ACによる回転　　　　　　　　（b）作図解
図1.23　回転法（正面と垂直な軸周りに回転する場合）
直線ACの軸周りに直線ABを回転させ，水平面と平行にする．平面図に直線ABの実長と角度 θ_F が求められる．

平面と平行になる図を作図することによって，直線 AB の実長（$a_T b'_T$）と正面となす角度（θ_F）を，平面図から得ることができる．

例題 1-4　直線の回転

図 1.24 (a) のように直線 AB が与えられている．点 A を通る正面と垂直な軸を中心に，反時計回りに 90°回転したときの正面図と平面図を，回転法で描け．

解答

図 (b) となる．
① a_F の周りに b_F を 90°回転させて b'_F を求める．
② 平面図上の b'_T を求める（回転に伴い $b_T \to b'_T$ と動く）．
③ $a_T b'_T$ を描く．

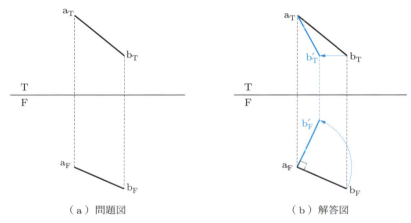

（a）問題図　　　　　　　　（b）解答図

図 1.24　例題 1-4

1.6　作図に使用する添え字，線，寸法表示

　本章では，投影の考え方に基づいて基本的な作図法を説明してきた．ここで，作図を行うときに必要となる文字，線，寸法の表示方法について表 1.1 にまとめておこう．

　また本書では，問題を解く過程を示すために寸法線を必要に応じて入れている．寸法線は機械製図では必須であるが，図法幾何学では解法の説明のために使用するので，数字ではなく文字（L_1, L_2, θ_F, θ_T など）で示している．この場合も機械製図の長さ寸法と角度寸法の入れ方に準拠して行っている．参考のために，記入する際の基準を，図 1.25 に示す．

表 1.1 文字，線，寸法の表示方法

作図線の種類	立体の形：太い実線 —————— 見えない部分：太い破線 - - - - - - 対応線：細い破線 - - - - - - 中心線：一点鎖線 —·—·— 基準線，副基準線：対応線よりも太い実線 ——
投影面の種類	正面図：F 平面図：T 右側面図：R 副投影面：1，2，…
形（特徴点）の表現	対象物そのもの：大文字（A，B，C など） 対象物の投影：小文字（a，b，c など）＋右下に投影面の種類 　（点 A の正面図：a_F，点 A の平面図：a_T など）
回転移動した特徴点	右肩にダッシュ 　対象物そのもの：A′，B′ など 　対象物の投影：a'_F，b'_T など

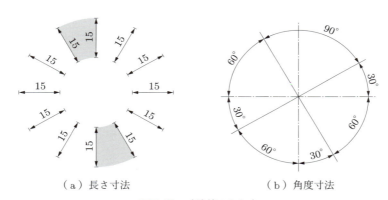

（a）長さ寸法　　　　　　（b）角度寸法

図 1.25　寸法線の入れ方

長さ寸法は，基本的に寸法線よりも上側に記入する．ただし，灰色部分は，数字（6 と 9）を読み間違える恐れがあるので避けた方がよい．角度寸法は，円弧が水平線よりも上側では円弧の外側に，下側では内側に記入する．

1.7　機械製図の図面との違い

機械製図の図面は，本書と同じ第三角法で描かれているが，図法幾何学の図面と異なる点がいくつかある．たとえば，**図 1.26** のような立体を図面にする場合，機械製図では投影の概念をとくに意識しなくても，三つの方向の視線（**正面視線，平面視線，右側面視線**）から見える形を描けば主投影図となる．この描き方でも，紙面に主投影面を想定して描いていることになるので，同じ図面が得られる．つまり，直感的にわかりやすい投影面（主投影面）で対象物を表しているので，投影の概念をあまり意識しなくても済む．しかし，図法幾何学では主投影面以外の投影面も議論の対象となるので，投影の概念がないと理解が難しくなる．投影の考え方は，この章で是非とも身に付けてほしい．

14　第 1 章　図法幾何学の基礎

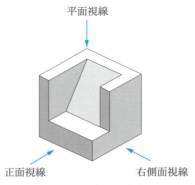

図 1.26　視線の方向

◆ **図面の比較**

　図 1.26 に示した立体の，図法幾何学による図面を図 1.27 に，機械製図の形式の図面を図 1.28 に示す．図 1.28 の設計図面を，三面図とよぶ．

　図法幾何学では，形を議論するために対象物と各投影面との位置関係を明確に示す必要がある．このため，投影面の種類と基準線を明記しておく必要がある．

　一方，機械製図では，対象物が投影面の箱に入った位置関係は重要な情報でないので，基準線は描かない．また，正面図，平面図，右側面図はすぐに判別できるので，F，T，R の記号も記入しない．かわりに，機械製図では形の大きさが重要なので，寸法線が必ず入る．

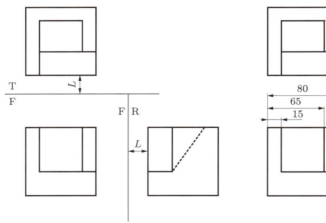
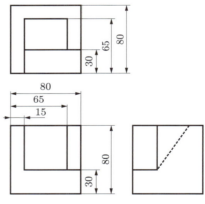

図 1.27　図法幾何学で使用する図面　　図 1.28　機械製図で使用する図面（三面図）

例題 1-5　主投影面の作図

図 1.29 (a) に示す立体の主投影図（正面図，平面図，右側面図）を描け．各辺の長さは立体のマス目を基準に描いてよい．また，投影面からの距離は適当に配置してよい．

解答

図 (b) となる．右側面図は基準線 T/F からの距離に注意して描く．見えない箇所は破線で描く．

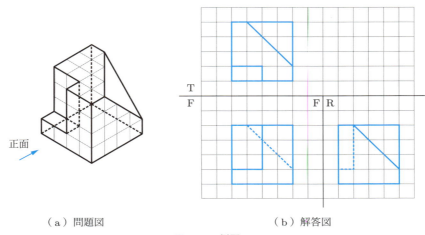

（a）問題図　　　　　（b）解答図

図 1.29　例題 1-5

第 1 章　練習問題

(1.1)　与えられた立体図形の主投影図を作図せよ．

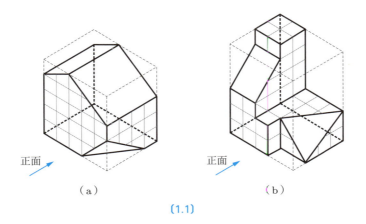

(1.1)

(1.2) 直線 AB 上に存在する点 C の平面図を求めよ．

(1.3) 正面図と右側面図が与えられている．平面図を作図せよ．

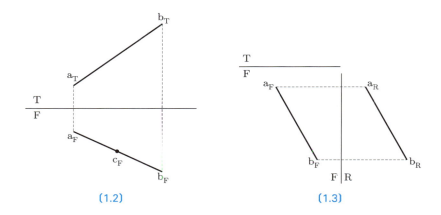

(1.2)　　　　　　　　　　(1.3)

(1.4) 右側面図をそれぞれ作図せよ．

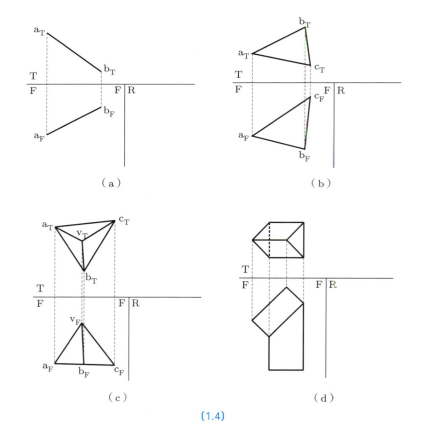

(1.4)

〔1.5〕 与えられた直線の実長と正面とのなす角度 θ_F を求めよ．

〔1.6〕 水平面に対して平行に置かれた直線 AB がある．平面図上で実長となる直線に対して垂直な副基準線 T/1 を引いたときの副投影図 1 を作図せよ．

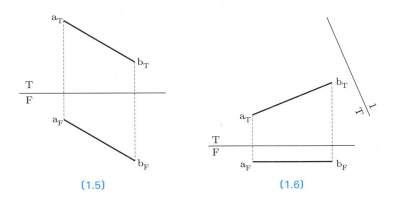

(1.5)　　　　　　　　(1.6)

〔1.7〕 与えられた斜角柱について，平面図に描かれた稜に平行な副基準線 T/1 を引いたときの副投影図 1 を作図せよ．

〔1.8〕 四面体を構成する三角形のうちで，三角形 VBC の実形（実際の形状）を求めよ．

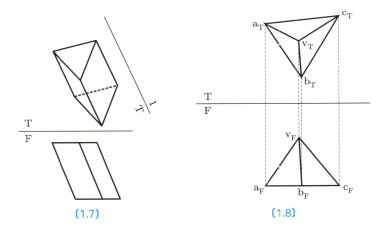

(1.7)　　　　　　　　(1.8)

[1.9] 三角形 ABC が与えられている．点 A を通る水平面と垂直な軸を中心に，反時計方向に 90°回転させたときの平面図と正面図を描け．

[1.10] 正四面体の頂点が平面図に与えられている．頂点 A, B, C は正面図の一点鎖線上に投影されるとして，平面図と正面図に正四面体を作図せよ．ただし，頂点 D は他の 3 点よりも水平面に近い位置にあるとする．

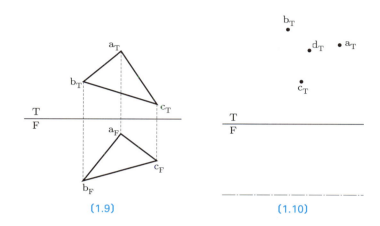

第 2 章 副投影法による作図

副投影法は，図法幾何学の中でもっとも重要な作区法の一つである．第 1 章では，副投影法の基本的な考え方について説明した．本章では，第 1 章で説明した副投影法の基本的な考え方をさらに発展させた副投影法による作図を学ぶ．

2.1 点視図，直線視図，端形図

物体は，眺める方向によってさまざまな形に変わる．たとえば，板状の物体を適切な角度から眺めると直線状に見え，円柱状の物体では円形に見える．物体形状がより単純な形に見える状態は，図形の特徴が端的に表現されていると考えることができる．図法幾何学では，この単純化された形が図形問題を解くうえでのキーポイントとなることが多い．

投影の考え方に従って，直線状の物体が点状に投影される状態を描くと，図 2.1 (a) のようになる．すなわち，直線状の物体は投影面に対して垂直に配置されている．直線が点状態になった投影図を点視図とよぶ．同様に，平面状の物体（ここでは三角形状の板）を投影面に対して垂直に配置すると，図 (b) のように直線状態の投影図となる．この直線状態になった投影図を直線視図とよぶ．さらに，角柱や円柱のような柱状の物体では，その軸方向と垂直な向きに投影面を配置すると，図 (c) のように柱状物体の断面形状が投影される．この投影図を端形図とよぶ．なお，直線視図，端形図を合わせて端視図とよぶこともある．次節以降では，点視図，直線視図，端形図の求め方を，1 回および 2 回の副投影による作図法として順を追って説明する．

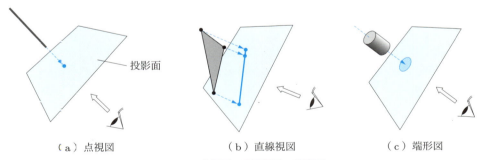

（a）点視図　　　（b）直線視図　　　（c）端形図

図 2.1 **点視図，直線視図，端形図**
視点の位置に注意（投影面を通して対象物の形を把握）

2.2　1回の副投影による作図法

本節では，1回の副投影で作図可能な点視図，直線視図，端形図について説明する．

2.2.1　点視図の作図

まず，点視図の作図について説明しよう．正面図あるいは平面図で直線の実長が与えられていれば，副投影を1回行うことにより点視図を求めることができる．この副投影は，正面または水平面に対して垂直であり，対象物（この場合は直線）に対して垂直な向きとなる投影面を設定して，投影図を作図することである．

◆**実長が示された直線は1回で点視図にできる**

図 2.2 (a) に示すように，直線が水平面に対して平行に置かれている場合（つまり，平面図で実長が与えられている場合）について考えてみる．点視図となる副投影面 1 は，［水平面と垂直］かつ［水平面上に投影された直線と垂直］な幾何学的関係で配置されていることがわかる．点視図は，図 (b) のように，直線 $a_T b_T$ に対して垂直な副基準線 T/1 を引き，副投影図 1 上に作図している．副基準線 T/1 と点視図までの距離 L は，基準線 T/F と正面図に投影された直線 $a_F b_F$ までの距離に等しい（図 (a) から容易にわかる）．

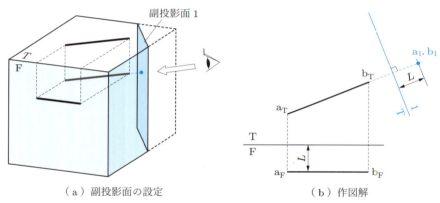

（a）副投影面の設定　　　　　（b）作図解

図 2.2　点視図の作図（平面図に実長が示されている場合）

なお，直線が正面図，平面図のいずれも実長になっていない場合は，1回の副投影による作図では点視図は得られない．この場合は2回の副投影を行う必要があり，その作図方法については 2.3.1 項で述べる．

2.2.2　直線視図の作図

次に，直線視図の作図について説明する．直線視図は1回の副投影で作図できる．つまり，どんな向きに置かれた平面図形でも，1回の副投影で直線視図にすることができる．この作図の仕方を三角形を例にとって説明する．正面と水平面のいずれにも平行でない角度で三角形パネルが配置されているとする．このとき図 2.3 のように，副投影面 1 を水平面に対して垂直にした状態で適切な向きに設定すると，三角形パネルを直線状態に投影することができる．この副投影面 1 の設定方法を，以下に説明する．

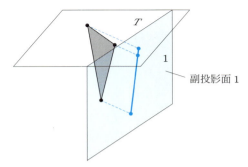

図 2.3　水平面に対して垂直な副投影面 1 に投影された三角形の直線視図

◆ **直線視図は必ず 1 回で作図できる**

　図 2.4 (**a**) は，正面図の三角形上に水平面と平行な線 $d_F e_F$ を描くと，それに対応する平面図上の直線 $d_T e_T$ が実長になる性質を利用して，1 回の副投影で点視図が得られることを示している．このときの副投影面は，実長を示す直線 $d_T e_T$ に対して垂直に副基準線を置く設定となる．次に，**図 (b)** は，**図 (a)** と同様の操作を複数の箇所で行えば，三角形が直線状に投影される直線視図が得られることを示している．つまり，点視図の考え方を拡張すれば，直線視図を作図することができる．

　上記の方法では，正面図上に水平面と平行な線を描くことからスタートしたが，平面図の方からスタートしても直線視図を描くことができる．

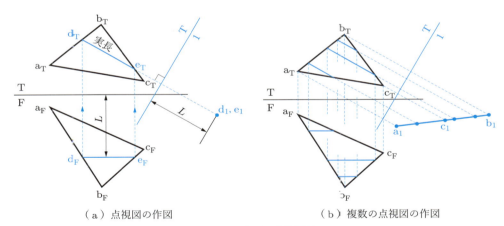

（a）点視図の作図　　　　　　　　　　　（b）複数の点視図の作図

図 2.4　三角形の直線視図

実長となる直線に対して垂直な投影面で点視図の作図を複数回行うと，点視図は直線状に配置される．つまり，三角形 ABC は，この図形操作で直線視図となる．

22　第 2 章　副投影法による作図

例題 2-1　直線視図の作図

図 2.5 (a) に示す平面図上に，正面と平行な線 $d_T e_T$ を描くことからスタートして，三角形の直線視図を描け．

解答

図 (b) となる．
① 直線 $d_T e_T$ に対応する正面図の直線 $d_F e_F$ を求める．
② 直線 $d_F e_F$ に対して垂直な基準線 F/1 を設定する．
③ 副投影面 1 に三角形の特徴点を投影すれば，直線視図が求められる．

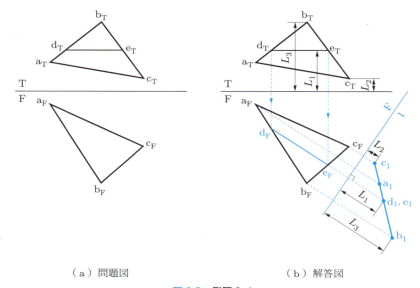

（a）問題図　　　　　（b）解答図

図 2.5　例題 2-1

2.2.3　端形図の作図

端形図の作図は，柱状物体の形状を直線の集まりと考えれば，点視図の作図を利用できることがわかる．たとえば，三角柱が平面あるいは正面に対して平行に置かれている場合を考える．三角柱を構成する 3 本の稜に着目して直線の点視図を作図し，各点を結べば端形図（三角柱の断面形状）が得られる．

例題 2-2　1 回の副投影による端形図の作図

図 2.6 (a) に示す三角柱の端形図を作図せよ．

解答

図 (b) となる．平面図において三角柱の稜が基準線 T/F と平行になっているので，正面図の稜は実長を示している．つまり，正面図に垂直な副投影面 1 を作れば端形図が得られる．
① 稜と垂直な副基準線 F/1 を設定する．
② 副基準線 T/F から三角柱の稜の距離 L_1, L_2, L_3 で端形図を描く．

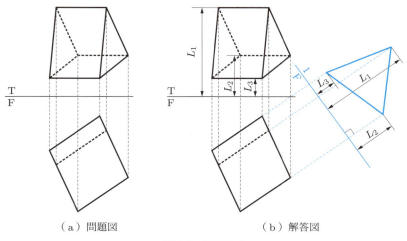

(a) 問題図　　　　　　　　　(b) 解答図

図 2.6　例題 2-2

2.3　2 回の副投影による作図法

次に，2 回の副投影で作図可能な点視図，端形図について説明する．

2.3.1　点視図の作図

2.2.1 項では，平面図あるいは正面図のどちらかに直線が実長として示されていれば，副投影を 1 回行うことによって直線を点視図に変換できることを説明した．それ以外の場合，つまり，平面図，正面図のどちらにも直線が実長とならない場合には，副投影を 2 回行うことで点視図が得られる．言い換えると，どんな向きに置かれた直線でも，2 回の副投影で点視図を求めることができる．作図方法を以下に説明しよう．

◆ **どんな直線も 2 回で必ず点視図にできる**

図 2.7 のように，点視図にしようとする直線（箱の中の灰色の太線）が置かれているとする．まず，この直線が実長として投影される副投影面 1 を設定する．副投影面 1 は，［水平面に対して垂直］かつ［水平面上に投影された直線と平行］となっている．このように設定した副投影面 1 上には，実長が投影される．次に，［副投影面 1 に対して垂直］かつ［副投影面 1 上に投影され

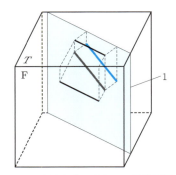

図 2.7　実長を求めるための副投影面 1

た直線と垂直］となる副投影面2を作る．図2.8は，副投影面1と副投影面2の関係を示している．この副投影面2の設定によって，直線は副投影面2上に点状態になって投影され，点視図が得られる．

以上の操作（2回の副投影を行う作図）によってできる投影面（F，T，1，2）を，立体的に表示したのが図2.9である．これらの投影面を外側方向に広げて平面上に表すと，図2.10のように表現される．図法幾何学では投影面の枠の形は描かないので，2回の副投影による点視図は，図2.11に示すように作図される．

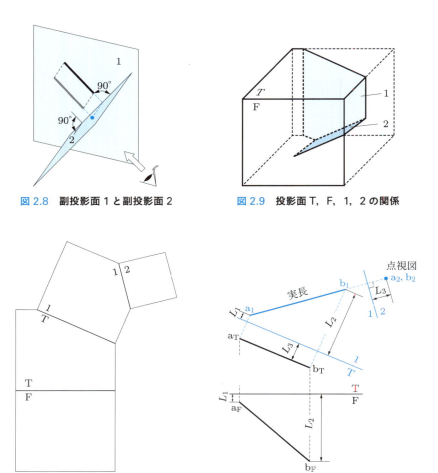

図2.8　副投影面1と副投影面2

図2.9　投影面 T，F，1，2 の関係

図2.10　展開（外側方向に広げる）

図2.11　点視図の作図

2.3.2　端形図の作図

柱状物体が正面，平面のいずれにも平行でない場合でも，副投影を2回行えば端形図を得ることができる．例として，図2.12 (a) に示す三角柱の端形図を求める問題を考える．作図解は図 (b) のようになる．端形図の作図も点視図と同じ考え方で，まず，三角柱を構成する稜（直線部分）に着目し，副投影面1で実長を求める作図をする．次に，この3本の直線の点視図を副投影面2で作図する．得られた3点を直線で結べば，三角柱の端形図が求められる．

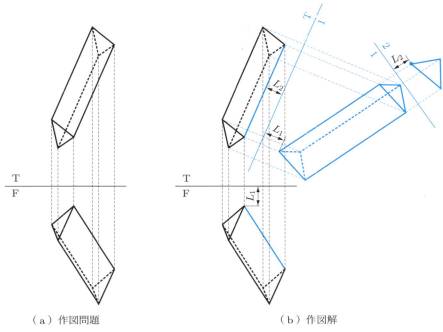

（a）作図問題　　　　　　　　　　（b）作図解

図 2.12　三角柱の端形図の作図

2.4　副投影法による作図問題

1回あるいは2回の副投影による作図法を習得すると，さまざまな図法幾何学の問題を解けるようになる．本節では，代表的な例を挙げて作図法を示す．

2.4.1　三角形と直線の交点を求める方法

図 2.13 **(a)** は，三角形と直線の交点を求める問題である．一見すると難しそうだが，1回の副投影の作図を行えば容易に解が求められる．すなわち，副投影法で三角形を直線視図として描けば，2直線の交点を求める問題に単純化される．具体的には，**図 (b)** に示すように副投影面上で交点を求めてから，平面図と正面図に対応する交点を求めていけば，交点（p_T, p_F）が得られる．なお，この作図解では，三角形と直線の重なり状態（直線が三角形によって隠されている状態）は示していない．重なり状態の描き方は次章で述べる．

2.4.2　2直線の交差状態および直線間の最短距離を求める方法

2直線の交差状態（二つの直線が空間の1点で交わっているか否か）は，図 2.14 に示すように，正面図と平面図の情報から簡単に判定できる．すなわち，平面図上に描かれた2直線の交点と正面図上の交点とが対応しているならば2直線は交差しており，対応していなければ交差していない．

交差していない2直線間の最短距離は，どちらかの直線が点視図となる図面を作成すると求められる．すなわち，図 2.15 に示すように，一方の直線が実長となる向きに副投影図1を描き，

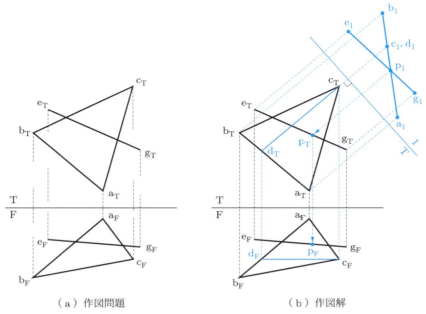

（a）作図問題　　　　　　　　　　（b）作図解

図 2.13　三角形と直線の交点

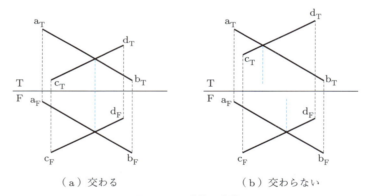

（a）交わる　　　　　　　　　　（b）交わらない

図 2.14　2 直線の交差

さらに，実長となった直線が点視図となるように副投影図 2 を描く作図である．最短距離は，副投影面 2 上で点と直線の距離として示される．

2.4.3　平面図形の実形を求める方法

平面図形の実形を求める問題も，副投影法を用いて解くことができる．三角形の実形を求める作図を図 2.16 に示す．まず，三角形の直線視図を副投影面 1 に作図する．次に，作図した直線視図と平行な基準線をもつ副投影面 2（副投影面 1 と副投影面 2 は垂直）を作り，この面に投影図を描く．この投影図が三角形の実形を示している．この作図では，平面図と副投影面 2 に示した L_1，L_2，L_3 の対応関係を理解することが重要である．参考のために，副投影面 1 と副投影面 2

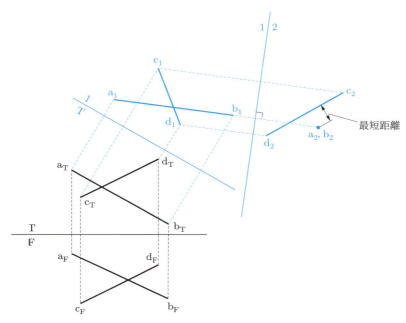

図 2.15　2 直線間の最短距離の作図

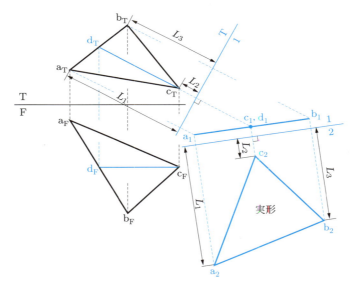

図 2.16　三角形の実形図を求める作図

の幾何学的関係を，立体図として図 2.17 に示しておく．副投影面 2 は三角形 ABC と平行に位置しているので，副投影面 2 上に三角形の実形が投影される．図 2.16 の平面図に記された L_1, L_2, L_3 が，図 2.17 の副投影面 2 のどこに対応しているかを確認すると，作図の原理を理解できるだろう．

28　第 2 章　副投影法による作図

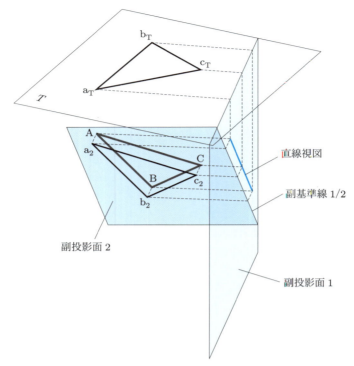

図 2.17　副投影面 1 と副投影面 2 の関係

2.4.4　垂線の足を求める方法

　与えられた点から直線への垂線の足を求める問題は，直線が実長として表現されている投影面において，この直線と垂線が直交するという幾何学的関係を利用すると求めることができる．また，与えられた点から平面への垂線の足を求める場合は，平面が直線視図として表現されている投影面において，この直線視図と垂線が直交するという関係を利用する．

例題 2-3　直線への垂線の作図

　図 2.18（a）に示す点 P から直線 AB への垂線の足 Q を求めよ．

解答

　図（b）となる．直線が実長で示されていれば，垂線と直線は必ず垂直になることを利用する．
① 直線の実長を副投影面 1 に描く．
② 副投影面上で垂線と垂線の足 q_1 を求める．
③ 垂線の足を平面図，正面図に移す．

2.4 副投影法による作図問題　29

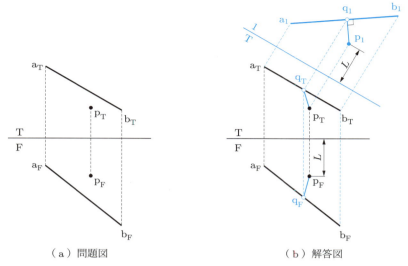

（a）問題図　　　　　　　　　　　　（b）解答図

図 2.18　例題 2–3

例題 2-4　平面への垂線の作図

図 2.19 (a) に示す点 P から三角形 ABC への垂線の足を求めよ．

解答

図 (b) となる．三角形 ABC を直線視図にすれば，点 P からの垂線の足が求められる．また，平面図において，垂線の足 Q を含む三角形面内の直線が実長になることを利用する．

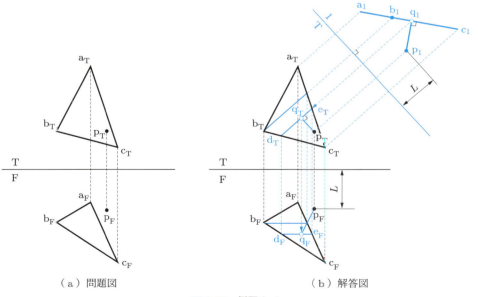

（a）問題図　　　　　　　　　　　　（b）解答図

図 2.19　例題 2–4

① 副投影面 1 に三角形 ABC の直線視図を作図する．また，点 P の投影点 p_1 を求める．
② 副投影面 1 で垂線の足 q_1 を求める．
③ q_1 を直線の点視図と考え，これに対応する平面図上の直線 $d_T e_T$ を作図する．この $d_T e_T$ 上に垂線の足が含まれる．直線 $d_T e_T$ は実長であるので，これに直交する直線を p_T から下ろせば垂線の足 q_T が求められる．
④ 正面図上の垂線の足 q_F を作図する．

第 2 章 練習問題

(2.1) 三角形 ABC と正面図に点 D の投影 d_F が与えられている．点 D が三角形上にあるときの平面図の点 d_T を求めよ．

(2.2) 直線と四角形との交点を求めよ．

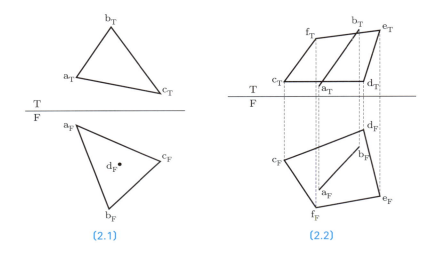

(2.1)　　　　　　　　　　(2.2)

(2.3) 三角柱の端形図を求めよ．

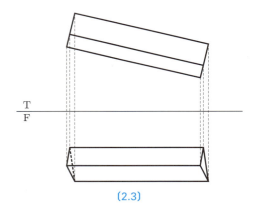

(2.3)

(2.4) 平面図と正面図に描かれた四角形の各頂点が，同一平面上にあるか調べよ．
(2.5) 1辺を共有する二つの三角形パネルのなす角度を求めよ．（ヒント：直線 AB が点視図となる副投影図1を作図する．）
(2.6) 1辺を共有する二つの三角形パネルのなす角度を求めよ．（ヒント：副投影図1を作図し，次に直線 AB が点視図となる副投影図2を作図する．）

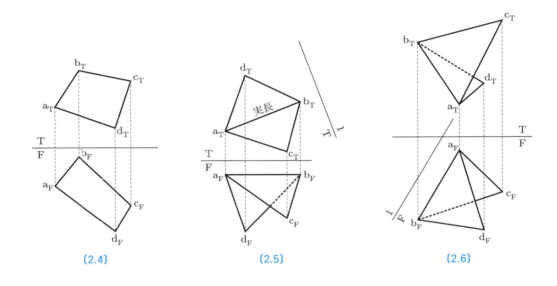

(2.4)　　　　　　　(2.5)　　　　　　　(2.6)

第 3 章 　交点および交線の作図法

立体的な作図問題を扱う場合に基本となるのは，平面と直線の交点，平面どうしの交線の作図である．本章では，立体作図問題の導入部分として，まず，副投影法による解法を確認し，次に，切断平面法とよばれる作図法について学ぶ．

3.1 　立体作図問題に必要な作図法

　平面と直線の交点，平面どうしの**交線**の作図法は，立体作図問題の基礎となる．図 3.1 は，四面体と三角柱を構成する面が互いに交わっている状態を示している．この立体を構成する面どうしが交わっている共通部分（**交線**）に注目してみると，平面と平面が交わる複数の図形問題に分解できることがわかる．平面と平面が交わった箇所（交線）はすべて直線になるので，これらの交線を結んでいけば，立体形状の共通部分がすべて求められる．

　さらに，平面と平面の問題は，直線と平面の問題に分解できる．たとえば，図 3.2 に示すように，直線 DE と三角形 ABC の交点を求める問題に分解することで，交線を構成する点を作図することができる．つまり，これらの作図問題の解として得られる交点を集めていけば，立体どうしの共通部分を求めることができる．図 3.1 のような立体の共通部分を求める作図問題については，第 5 章で学ぶ．本章では，その基礎となる平面と直線の交点，平面どうしの交線の作図法について説明する．作図法は，前章で説明した副投影法と，本章で新しく学ぶ**切断平面法**である．

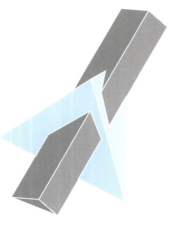

図 3.1 　四面体と三角柱の交差

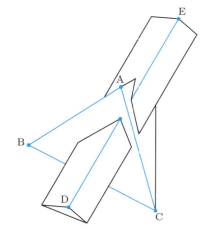

図 3.2 　分解された図形（三角形と直線の交点）

3.2 平面と直線の交点の求め方

平面と直線の交点を求める作図問題として，図 3.3 を考える．まず，副投影法で作図解を示し，次に，**切断平面法**による作図方法について述べる．

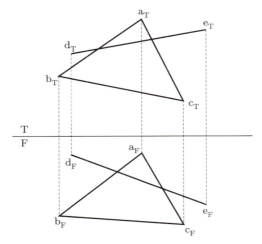

図 3.3　三角形と直線の交点を求める問題

3.2.1 副投影法による作図

副投影法による交点を求める作図方法は，前章で解説しているが，重要な作図問題なのでもう一度確認しておきたい．図 3.4 に示すように，三角形 ABC が直線視図となる副投影図 1 を作図すると，平面と直線の交点を求める問題は，直線どうしの交点を求める問題に単純化される．副投影図 1 上の交点 p_1 を，正面図上で p_F，さらに平面図上で p_T として求めていけばよい．

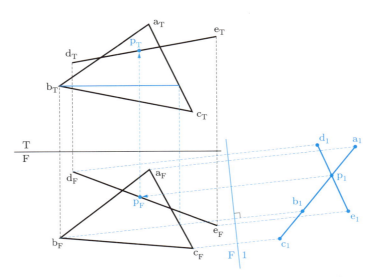

図 3.4　副投影法による解法（三角形 ABC の直線視図より求める）

3.2.2 切断平面法による作図

切断平面法は，仮想的に立体を切断したときにできる切り口を利用して図形の特徴を見いだす作図方法であり，交点や交線に関する図形問題を解くのに有効である．

切断平面法は，対象物を平面でカットする**切断平面**を利用する．切断の状態を立体的に示すと，**図3.5**のようになる．切断平面を［直線DEを含む］かつ［水平面に対して垂直］に設定する．このとき，切断平面による三角形の切り口（青色で示した実線部分）に注目すると，直線と三角形平面との交点を求める問題は，直線どうしの交点を求める問題に**単純化**できることがわかる．すなわち，直線DEと三角形の切り口との交点を求める問題となる．

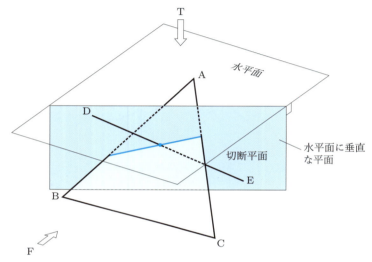

図3.5 切断平面法（水平面に垂直な平面で切る）

◆ 2直線の交点＝平面上の交点

この2直線の交点は，図3.6のように求めることができる．まず，平面図上で切断平面による三角形の切り口を求める．平面図上では，切断平面は直線視図となり，交線は直線$d_T e_T$と完全に重なっているが，切り口の端は見つけることができる．それは，直線$d_T e_T$と三角形を構成する辺$a_T b_T$および$a_T c_T$と交わる2点である．次に，これら2点を正面図上に移し，正面図での切り口を求める．この切り口と直線$d_F e_F$との交点が，求めるべき解（p_F）である．正面図上の交点がわかれば，平面図上の交点（p_T）も決定できる．

図3.7は，交点を求めた後で三角形と直線の重なり状態を考慮して描いている．すなわち，直線の方が三角形よりも手前にある箇所を実線，奥にある箇所は破線で描いている．この例での重なり状態は，直線DEの端のどちらが投影面（水平面および正面）に近いかを考えると判定できる．

上記の解法では，水平面に対して垂直な切断平面を用いたが，図3.8に示すように，正面に対して垂直な切断平面を用いても，同様に問題を解くことができる．図3.9は，図3.8に対応する切断平面法の作図である（三角形の配置は図3.6と少し変えて設定している）．

以上に示したように，切断平面法は，切断平面を利用して問題を単純化して解を導く方法であ

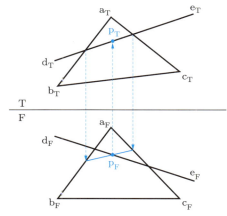

図 3.6 水平面に垂直な切断面から交点を求める作図

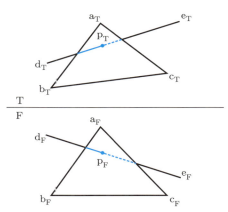

図 3.7 重なり状態も考慮した作図解

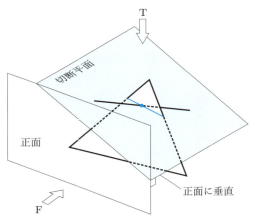

図 3.8 切断平面法（正面に垂直な平面で切る）

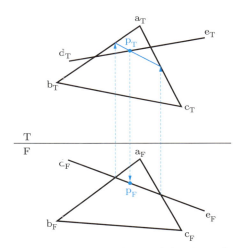

図 3.9 正面に垂直な切断面から交点を求める作図

り，副投影法よりも少ない作図作業で済むという特長がある．ただし，対応する直線を間違うと正解が得られないので，作図の際に注意が必要である（例題 3-1 参照）．

例題 3-1　平行四辺形と直線の交点

図 3.10（a）は，直線を延長して平行四辺形と交わる点を求める問題である．切断平面法で交点を求めよ．

解答

平行四辺形も，三角形の場合と同様に切断平面法で交点を求めることができる．**図（b）**の解法では，直線を含む水平面に垂直な切断面で平行四辺形を切断し，正面で切り口を求めている．作図は簡単であるが，**図（c）**のように対応する辺を取り違えると正しい交点が得られないので注意すること．

36　第3章　交点および交線の作図法

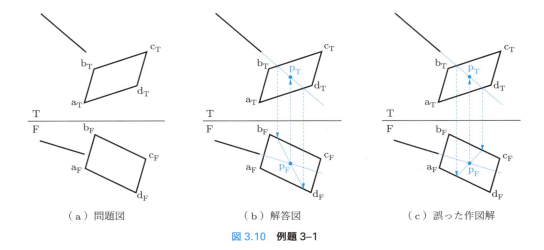

　　（a）問題図　　　　　　　（b）解答図　　　　　　（c）誤った作図解

図 3.10　例題 3–1

3.3 平面どうしの交線の求め方

　3.1 節でも述べたように，二つの面が交わったときにできる共通部分を**交線**という．交わる面が二つとも平面ならば，交線は 1 本の直線になる．この交線を，前章で学んだ副投影法と，本章で学んだ切断平面法で求めてみる．作図問題として，図 3.11 に示すように二つの三角形が交わっているときの交線を求めてみよう．

3.3.1　副投影法による交線の作図

　副投影法では，どちらか一方の三角形を直線視図にすれば，交線の端点を見つけることができる．図 3.11 では，三角形どうしが重なっている部分が明らかになっていないが，まずは交線を

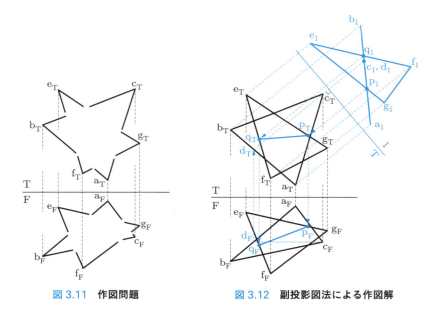

　　　図 3.11　作図問題　　　　　図 3.12　副投影図法による作図解

求めることにして，三角形の辺に相当する部分はすべて直線で結んでおく．そして，図 3.12 に示すように，副投影図 1 によって三角形 ABC の直線視図を得る．これより，交線の両端となる 2 点が p_1，q_1 として求められる．これを平面図に戻して p_T，q_T を求め，さらに，正面図に移して p_F，q_F が求められる．これらを結べば交線が求められる．

3.3.2 切断平面法による交線の作図

切断平面法による作図では，3.2.2 項の方法を応用することになる．すなわち，三角形と一つの直線との交点を求める問題に分解する．二つの交点が求められれば，交線が決定される．どの直線と三角形が交わっているかが判定できれば効率的に作図できるが，その見極めは少し大変なので，まずは，可能性のありそうな箇所に切断平面法を適用してみる．このため，選択が適切でないと解が求められない場合もあるので，これも含めて説明する．

◆**選択が適切な場合**

図 3.13 は，直線 EF と EG が三角形 ABC と交わっていると想定した作図解である（切断平面を直線 EF に対して水平面に垂直に，EG に対しては正面に垂直に設定して交点を求めている）．三角形の辺の選択が適切なため二つの交点が求められ，三角形どうしの交線が得られている．このように，直線と平面の問題に分解すれば，切断平面法を用いて定型的な作図作業の繰り返しで交線を求めることができる．

◆**選択が適切でない場合**

図 3.14 は，直線 BC と三角形 EFG との交点を求めようとしている．しかし，平面図で切断平面による切り口は直線 $b_T c_T$ と交わっていない．これは，三角形と直線の選択が適切でないため交点が求められない例である．このような場合は，他の箇所を選択して交点を求めよう．

三角形どうしの重なり状態は，どの三角形の頂点が投影面（正面および水平面）に近いかを考えると，図 3.15 のように，三角形どうしが交差した状態も示すことができる．重なり状態の判定は慣れないと難しい．巻末の付録 A.8 に重なり状態の簡易的な見分け方を載せたので，参考にしてほしい．

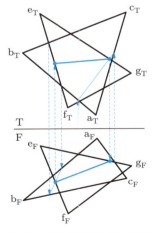 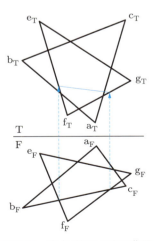 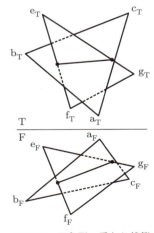

図 3.13 切断平面法による作図解　　図 3.14 交点が得られない作図　　図 3.15 三角形の重なり状態

例題 3-2　三角柱と直線の交点

図 3.16 (a) に示す三角柱と直線の交点を求めよ．

解答 1

副投影法での作図は**図 (b)** となる．副投影法で三角柱の端形図を描いて交点を求めている．

解答 2

切断平面法での作図は**図 (c)** となる．切断平面法を用いると容易に交点を求めることができる．この解答では，直線を含む水平面に垂直な切断面で切り，正面図で交点を求めている．

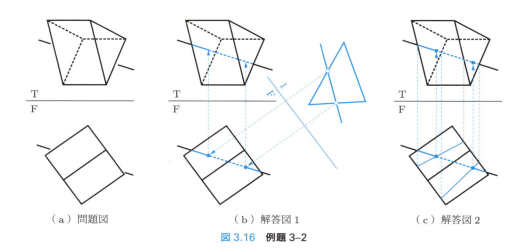

（a）問題図　　　　　（b）解答図 1　　　　　（c）解答図 2

図 3.16　例題 3-2

第 3 章　練習問題

(3.1) 三角錐と直線の交点を求めよ．

(3.2) 1 辺を共有する二つの三角形と直線との交点を求めよ．

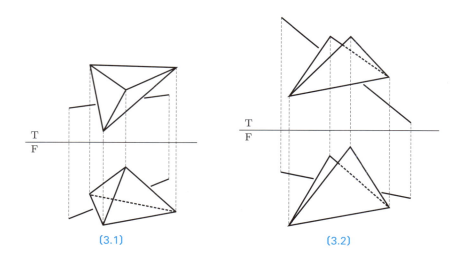

　　　　　(3.1)　　　　　　　　　　　(3.2)

〔3.3〕 三角形と四角形の交線を求めよ（互いの重なり状態も考えよ）.
〔3.4〕 二つの三角形の面を拡張したときにできる交線を求めよ.

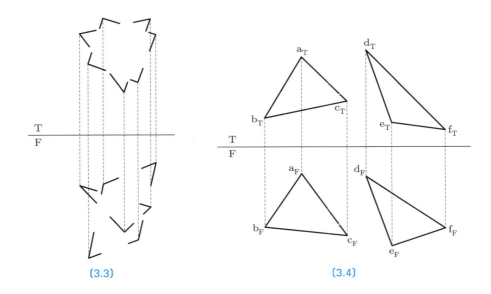

〔3.3〕　　　　　　　　　　　〔3.4〕

第4章 曲面の表現と接触

本章では，曲面の図法幾何学について学ぶ．まず，母線による立体曲面の表現を説明し，次に，この考え方を利用した平面と曲面との接触箇所の求め方について述べる．

4.1 母線による曲面表現

これまでの図形問題では，点，直線，平面を扱ってきた．直線は，点が一方向に移動した軌跡と考えることができる．また，平面は，直線が一方向に移動してできた面と考えることができる．この考え方を拡張すると，円錐や円柱などの曲面も，直線を基本にして表現できる．つまり，1本の直線を，一定の規則で連続的に移動することによってできた面と考えることができる．この曲面表現の基本となる線分を母線という．なお，直線だけでなく曲線の母線を考えることにより，種々の回転面を表現できるが，本書では曲線の母線によって表現される曲面としては球面のみを扱う．また，母線では表現できない曲面もあるが，本書ではそのような曲面を扱わない．

◆ **各種の曲面とその母線**

円柱の曲面は，母線が円を描くように一律に移動してできる面と考えることができる（**図** 4.1 **(a)** 参照）．同様に斜円柱の曲面は，母線がある角度を保ちながら円軌道を描くことで生成される曲面と考えることができる（**図 (b)** 参照）．また，円錐の曲面は，母線の一箇所を固定し，母

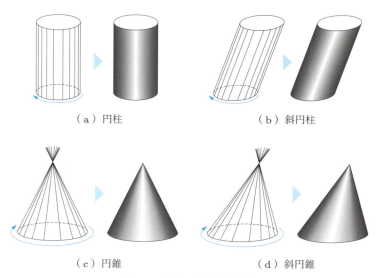

（a）円柱　　（b）斜円柱

（c）円錐　　（d）斜円錐

図 4.1　母線による曲面表現

線の端点が円軌道を描くことでできる面と考えることができる（**図 (c)** 参照）．同様な考え方で斜円錐の曲面も表現できる．ただし，斜円錐では中心軸が傾いているので，母線の端点は平面上で円軌道を保つために，自由に伸縮できるとする（**図 (d)** 参照）．母線による曲面表現は，曲面を直線成分に分解して調べることができるので，立体図形の特徴点を見いだすときに利用できる．

4.2 曲面と平面の接触

立体の曲面と接する平面を，接平面という．母線による曲面表現からわかるように，平面と曲面が接触する箇所は，曲面を構成する母線の一つである．本書で対象とする曲面をもつ立体は，円錐，斜円錐，円柱，斜円柱，球である．球以外は直線の母線で曲面表現ができるので，接平面と曲面の接触箇所は母線になる（球では点接触となる）．接平面に関する図法幾何学の問題は，接平面の配置を示す問題と，接平面が接触する箇所を示す問題に大別されるが，本書では，後者の接触箇所の求め方について学ぶ．

4.2.1 曲面上の点を含む接平面

図 4.2 は，円錐の曲面と接する接平面を示している．点 A が円錐の曲面上にあるとき，点 A を含む接平面と曲面との接触箇所は，直線 VQ となる．円錐曲面と接平面が接する箇所が曲面の母線の一つであるという知識を用いれば，容易に解を得ることができる．図 4.3 は，これに対応する作図問題と作図解である．

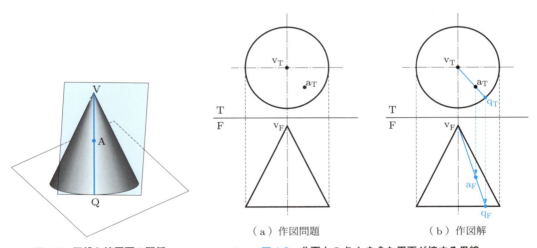

図 4.2　円錐と接平面の関係　　　図 4.3　曲面上の点 A を含む平面が接する母線

例題 4-1　二つの円錐の共通接平面

図 4.4 (a) に示す二つの相似形の円錐の両方に接する接平面の接線を求めよ．

解答

二つの円錐と接平面の関係を，立体図として**図 (c)** に示す．同様な接平面が反対側にも存在する．接平面が両方に接するためには母線の傾きが等しくなる必要があり，それには二つの円錐

42   第4章　曲面の表現と接触

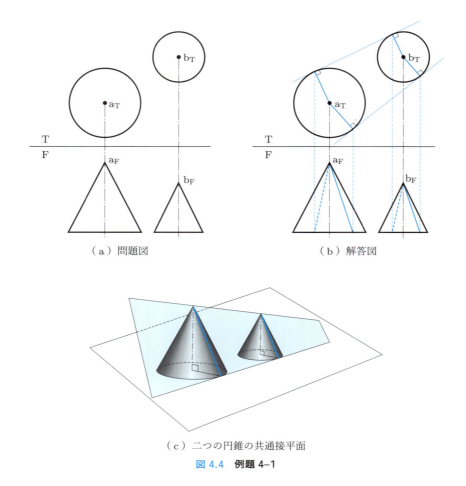

（a）問題図　　　　　　　（b）解答図

（c）二つの円錐の共通接平面

図 4.4　例題 4–1

が相似形でなければならない[1]．作図解を**図 (b)** に示す．見えない接線は破線で示している．二つの円の接線を引く方法は付録 A.6 を参照すること．

4.2.2　曲面以外の点を通る接平面（斜円錐の場合）

図 4.5 は，斜円錐の曲面上以外の場所に点 C があるとき，点 C を含む接平面と曲面との関係を示している．この図から，頂点 V と点 C を結ぶ直線が，底円を含む平面と交わる点 P を求めれば，斜円錐への接平面が，［点 C を通る直線 VP］，［点 P から底円への接線］，および［接点と頂点を結ぶ母線］で囲まれた三角形によって決定されることがわかる．そして，［点 P から底円への接線］が二つあるので，二つの解が存在する．**図 4.6 (a)** は，これに対応する作図問題，**図 (b)** は作図解である．底円と同じ高さの水平な面を想定し，この水平面上で底円に対する接線を求め，接平面と接触する曲面の母線を二つ（VQ，VR）求めている．なお，正面図では，母線の一つは曲面の後方にあるので，破線で示している．

---

1)　二つの円錐の底円が平行でない場合はこの限りではない．たとえば頂点を共有する円錐は，相似形でなくても共通な接平面がある．

4.2 曲面と平面の接触　43

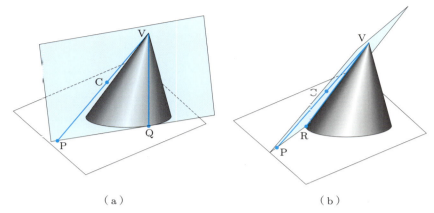

（a）　　　　　　　　　　　　　　　（b）

図 4.5　斜円錐の接平面

曲面以外の点 C を含む接平面は (a), (b) に示す二つの解があり，接触箇所は VQ, VR である．

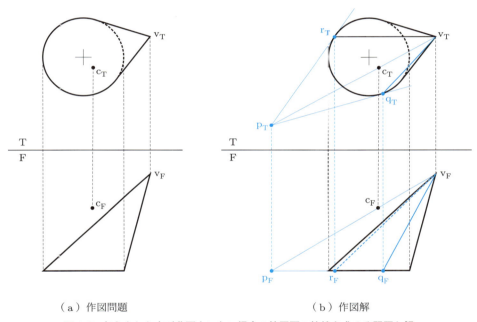

（a）作図問題　　　　　　　　　　　（b）作図解

図 4.6　与えられた点が曲面上にない場合の接平面の接線を求める問題と解

例題 4-2　曲面以外の点を通る接平面（円柱の場合）

図 4.7 (a) に示す点 C を通り，円柱と接する接平面の接線を求めよ．

解答

図 (b) となる．円錐面と同様に，円柱面も接平面と接触する箇所は母線となる．接平面は，点 C を通り円柱の母線に対して平行な線分を含む．この線分は，平面図では点視図となり c_T と一致するので，接触箇所は正面図から簡単に求められる．この接触箇所を平面図に移す．斜円柱の場合（練習問題〔4.2〕）も同様に作図できる．

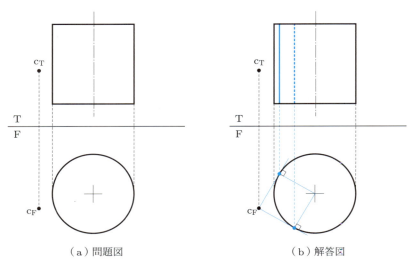

(a) 問題図　　　　　　　　　(b) 解答図

図 4.7　例題 4–2

4.2.3　球に対する接平面

　対象物が球の場合は，接平面の接触箇所は 1 点のみになる．球面上に接触箇所が与えられていれば，接平面は一意に決まる．球面以外に点が与えられている場合は，解は無数に存在する．したがって，解が限定される設定が図法幾何学の問題としては必要になる．

　図 4.8 は，直線 AB を含む平面が球面と接触する状態を示している．この接平面は，**図 (a)**，**(b)** のように二つある．図 4.9 **(a)** は，これに対応する問題である．直線は［水平面に対して平行］かつ［正面に対して垂直］に置かれているとする．接触箇所は，**図 (b)** に示す作図で求められる．まず，正面図に注目すると，球は最大の断面形状に相当しており，これに接する平面の直線視図を接線として描くことにより，二つの接触箇所 p_F, q_F が求められる（直線 AB を含む平面なので a_F, b_F を通る接線となる）．このとき o_F, p_F, q_F は同一平面内にあるので，対応する平面図上の投影点（o_T, p_T, q_T）は，すべて直線 $a_T b_T$ に垂直な直線上に存在する．したがって，作図解のように p_F, q_F からの対応線で p_T, q_T が求められる．

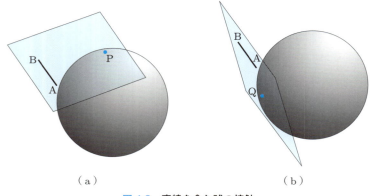

(a)　　　　　　　　　(b)

図 4.8　直線を含む球の接触

4.2 曲面と平面の接触　45

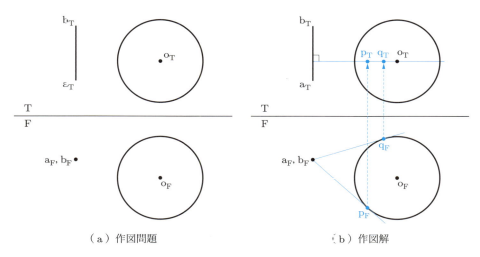

（a）作図問題　　　　　　　　　　　　（b）作図解

図 4.9　球の接触

4.2.4　円錐と球の接触

さらに，曲面どうしが接触する場合（たとえば，球面と錐面あるいは球面と柱面の接触）についても，母線の考え方を利用すれば，接触箇所に関する情報を得ることができる．

図 4.10 **(a)** は，円錐の曲面に接触する球の半径と接触箇所を求める問題で，球の中心が点 A として与えられている．この解法を図 **(b)** に示す．まず，平面図に注目して，接触箇所を含む

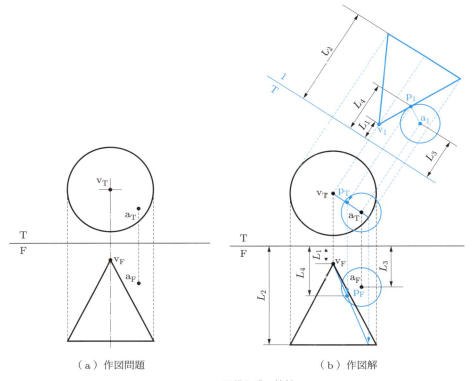

（a）作図問題　　　　　　　　　　　　（b）作図解

図 4.10　円錐と球の接触

円錐の母線を求める．次に，母線が実長で表示される副投影図 1 を作図する．この副投影図 1 から，球の接触箇所 P と球の半径が求められるので，この図形情報を平面図と正面図に移せばよい．なお，作図解では，作図の誤差を抑えるため，正面図の p_F は副基準線 T/1 からの距離 L_4 を利用して決定している．

例題 4-3　球と球の接触

図 4.11 (a) に示す二つの球に接する最小の球を求めよ．

解答

図 (b) となる．二つの球の中心を通る直線が実長となる副投影面 1 を作図すれば，両球と接する球の半径が求められる．

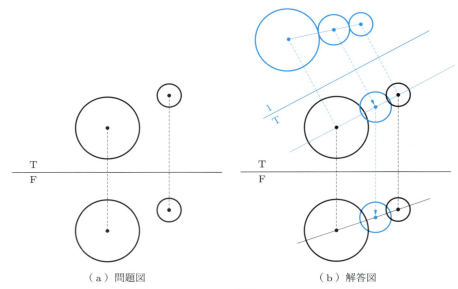

（a）問題図　　　（b）解答図

図 4.11　例題 4-3

第4章 練習問題

〔4.1〕 点 A を含む平面と円錐曲面が接触するときの接触箇所（母線）を求めよ．

〔4.2〕 点 B を含む平面と斜円柱の曲面が接触するときの接触箇所（母線）を求めよ．

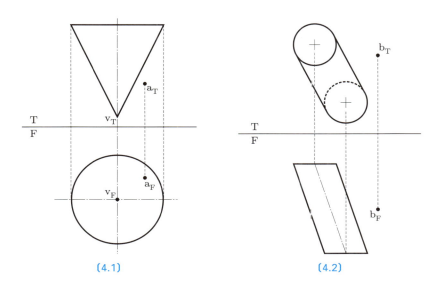

〔4.3〕 直線 AB を含む平面と球面が接触するときの接触箇所（点）を求めよ．

〔4.4〕 同じ大きさの三つの球が互いに接触して並んでいる．球の中心 A，B，C は正面図に示した一点鎖線上にあるとする．三つの球の中心部に，上方から同じ大きさの球を載せたときにできる三つの接触箇所を求めよ．

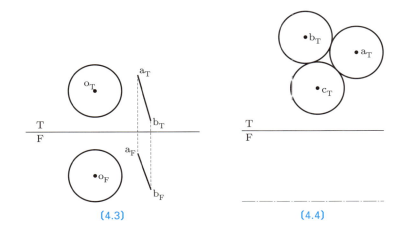

第 5 章 立体の切断と相貫

本章では，立体の切断面の求め方と，立体どうしが重なっている場合の共通線の求め方について学ぶ．この課題は，正投影法による図法幾何学の総仕上げともいえる位置づけになっている．

5.1 切断面

ある傾きをもった平面で立体を切断したときの切り口の面を，**切断面**という．切断面の形状は，立体を切断する平面の角度によってさまざまに変化する．図法幾何学的に切断面を求めるには，二つ以上の図面（たとえば平面図と正面図）を見比べながら，立体の基本要素となっている直線や曲線に注目して切断面との交点を求める作業が基本となる．

たとえば，角柱や角錐では，稜と切断面との交点を求める方法が利用できる（**図 5.1 (a)**）．円柱や円錐のように曲面をもつ立体では，曲面を構成する母線を利用することができる（**図 (b)**）．また，底円に対して平行にカットした補助平面を利用すると，切断面の輪郭を探ることができる（**図 (c)**）．

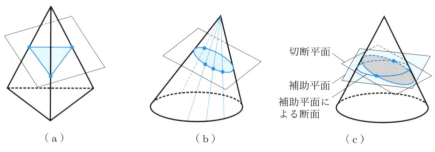

図 5.1　切断面を求める方法

◆ 円錐の切断面の作図

図 5.1 (c) の解法に相当する作図問題を，図 5.2 (a) に示す．この問題では，正面図における切断面が円錐を切断する平面の直線視図に一致しているので，平面図上の切断面のみ求めればよい．**図 (b)** に作図解を示す．円錐の底面に対して平行な補助平面を考え，直線視図との交点から平面図上の点を求める作図である．まず，正面図において切断面の上限と下限を見つけ，次に，その間を適当な間隔で，円錐の底面に対して平行な補助平面を設定して作図している．平面図上に得られた点をなめらかに結べば，切断形状が得られる．

5.1 切断面　49

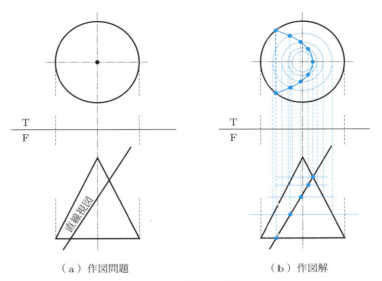

（a）作図問題　　　　　　（b）作図解

図 5.2　円錐の切断

例題 5-1　四角錐の切断

図 5.3 (a) に示す四角錐の切断面とその実形図を求めよ．

解答

図 (b) となる．正面図において切断面は四角錐を切断する平面と一致しているので，水平面に投影された切断面を求める．四角錐を切断する平面の直線視図と稜との交点（正面図）を平面図に移すことによって，切断面は容易に得られる．実形図は，切断する平面の直線視図と平行な副基準線 F/1 によって副投影図 1 上に描くことができる．

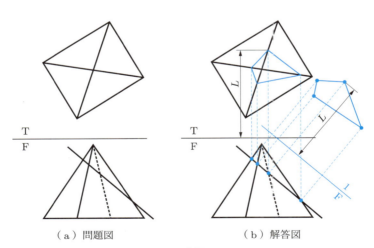

（a）問題図　　　　　　（b）解答図

図 5.3　例題 5-1

50   第5章 立体の切断と相貫

5.2   立体の相貫

相貫とは，二つ以上の立体が交わることであり，それによってできた表面の共通線を相貫線とよぶ．相貫線を求めるには，立体図形を直線と平面（あるいは直線と曲面）に分解して交点を探せばよい．この作業の見通しをよくするには，作図を行う前に頭の中で立体をイメージして，どんな相貫線となるのか考えることがもっとも大切である．以下に二つの例を挙げ，相貫線を求める解法を，いくつかのステップに分けて説明する．

5.2.1   補助平面を用いる解法

図 5.4 (a) は，三角錐に三角柱が貫通したときの相貫線を求める問題である．三角柱は水平面に対して平行に置かれており，三角錐の底も水平面に平行とする．

● ステップ 1：補助平面で切断する

まず，三角柱の稜を含む水平な補助平面を考える．この問題のように，底が水平面に平行に置かれた角錐を水平な面で切断すると，その切断面の形状は底の形と相似になる．このことを利用し，三角柱のそれぞれの稜を含む補助平面による切断面を平面図に作図すると，図 (b) のように三角柱の稜と三角錐の面との交点が求められる．

● ステップ 2：端形図から交点を作図する

次に，三角錐の稜と三角柱の面との交点を求める．そのために，副投影法により三角柱の端形図を図 (c) のように描く．この作図により副投影図 1 上に交点が二つ求められる．これらの交点から平面図上の三角錐の稜との交点が求められる．ただし，この問題では，対応線と稜の方向が接近しているため，副投影図 1 上の交点から対応線を使って平面図上の交点を直接的に求めると，誤差が大きくなる傾向がある．そこで，水平面から交点までの距離 L_1, L_2 を正面図にプロットすることによって，まずは正面図上の交点を求め，それから平面図に移す作図を行っている．

● ステップ 3：相貫線を決定する

相貫線の位置（見えている線か，それとも背面に隠れている線なのか）に注意しながら，図 (d) のように，相貫線を直接見える箇所は実線，隠れている箇所は破線で描く．この例では，平面図上の相貫線を求めてから，正面図上の相貫状態を考えると，相貫線を決定しやすい．

5.2.2   母線に注目した解法

図 5.5 (a) は，円錐と円柱の相貫線を求める問題である．前問と同様に補助平面を用いて解を求めることもできるが，ここでは，円錐曲面を構成する母線に注目して求める方法を示す．

● ステップ 1：母線を設定する

円錐の頂点を通る母線をいくつか設定し，母線と円柱面との交点および接触箇所を求める（図 (b)）．まず，右側面図に注目して，円柱の端形図と接する母線を作図する．次に，この母線に対応する平面図上の母線を求める．具体的には，右側面図上で，円錐底面の中心からの長さ L_1 を利用して平面図上の母線を求めている．この母線を正面図に移したのが母線 $v_F a_F$ である．これより，相貫線は母線 $v_F a_F$ の右側に描かれることがわかる．母線 $v_F a_F$ が決まったら，正面図上で母線 $v_F b_F$ および $v_F c_F$ を適当な間隔で設定する．そして，母線 VB と VC を平面図と右側面図に描いてから，右側面図上で母線 VB，VC と円柱の端形図の交点を求める．

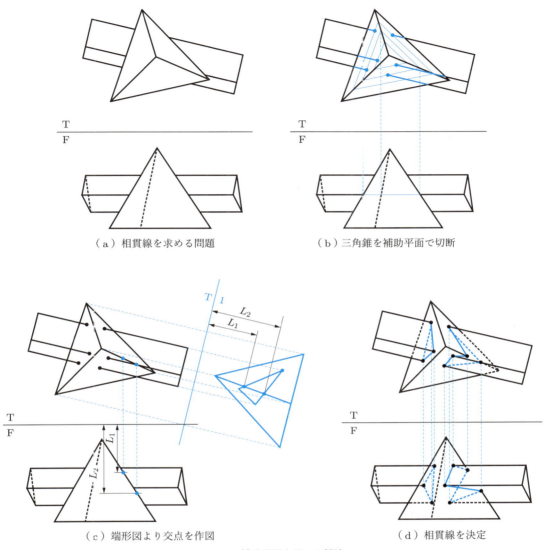

(a) 相貫線を求める問題　　(b) 三角錐を補助平面で切断

(c) 端形図より交点を作図　　(d) 相貫線を決定

図 5.4　補助平面を用いる解法

さらに，右側面図の円柱の左右両端は，平面図上で相貫線の特徴点の一つとなる（円柱の外形線をどこまで延ばせばよいかがわかる）ので，母線 VD（円錐底面の中心からの長さ L_4 で表示）を追加し，円柱の端形図との交点を求める．また，平面図と正面図にも対応する母線を描いておく．なお，右側面図では，円錐の中心線（正確にはそれと重なる母線）と円柱の端形図との交点（二箇所）も相貫線の特徴点になっている．これらも忘れずにプロットしておく．

- **ステップ 2：交点を作図する**

  図 (c) のように，右側面図で求めた交点および接触箇所を，正面図および平面図に移す．

- **ステップ 3：相貫線を決定する**

  図 (d) のように交点を連結して相貫線を描く．

52　第 5 章　立体の切断と相貫

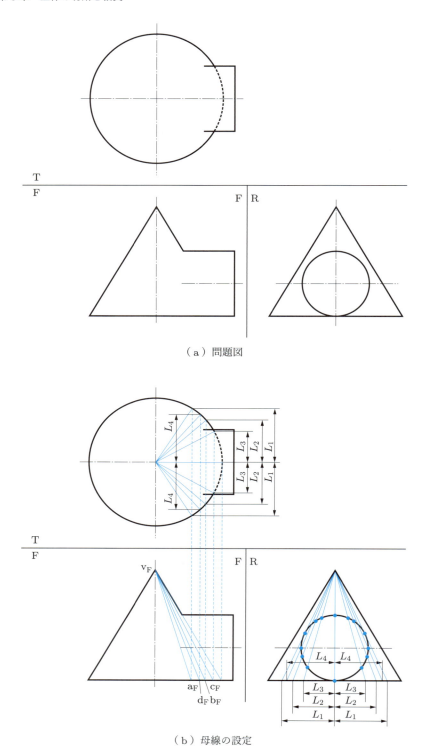

(a) 問題図

(b) 母線の設定

図 5.5　**母線に注目した解法**

5.2 立体の相貫

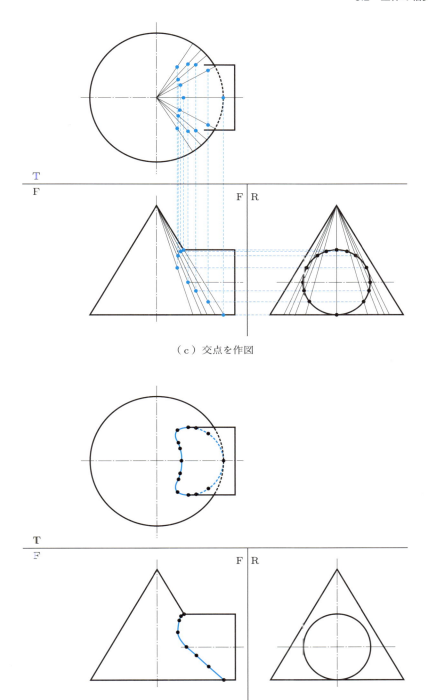

（c）交点を作図

（d）相貫線を決定

図 5.5　母線に注目した解法（つづき）

例題 5-2　三角柱と円錐の相貫

図 5.6（a）に示す平面図の相貫線を求めよ．

解答

図（b）となる．円錐を平面で切断した切り口を求める問題（図 5.2）と同じ作図法が利用できる．円錐面を斜めの平面で切断したときの断面が二次曲線（この場合は楕円形）になることを知っていると，相貫線を見つけやすい．

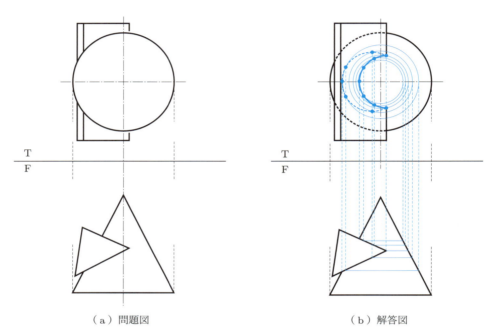

（a）問題図　　　　　　　　　　（b）解答図

図 5.6　例題 5-2

例題 5-3　円柱の相貫

図 5.7（a）に示す正面図の相貫線を求めよ．なお，副投影図 1 では細い円柱の端形図のみを示している．

解答

図（b）となる．副投影面 1 に投影された円柱の端形図に注目する．

① 副投影面 1 で副基準線 F/1 からの距離 L 上の点 a_1，b_1 が正面に投影される位置を作図する（平面図上で対応する点を求め，正面図に相貫線を構成する点を求める）．

② L を変えて，同様の操作で点を求めていく．

③ 点をなめらかに結ぶ．

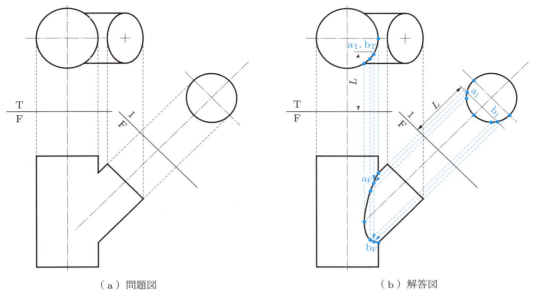

(a) 問題図　　　　　　　　　　　　　（b）解答図

図 5.7　例題 5-3

第 5 章　練習問題

(5.1)　斜円錐の切断面を求めよ．
(5.2)　三角形を含む平面によって切断される三角柱の切断面を求めよ．

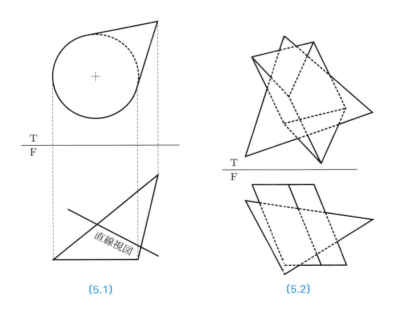

(5.1)　　　　　　　　　　　　　(5.2)

〔5.3〕 ドーナッツ状立体を，平面図に直線視図として示された平面で切断したときの断面形状を求めよ．

〔5.4〕 三角柱と立方体の相貫線を描け．

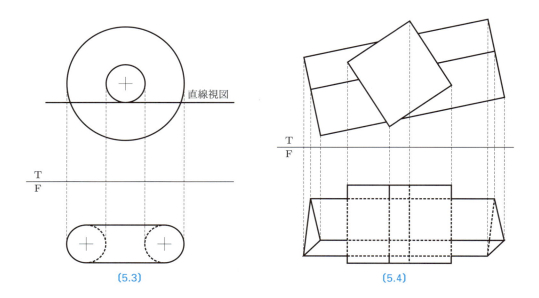

(5.3)　　　　　　　(5.4)

〔5.5〕 円錐と円柱の相貫線を描け．

〔5.6〕 立方体と半円柱の相貫線を描け．

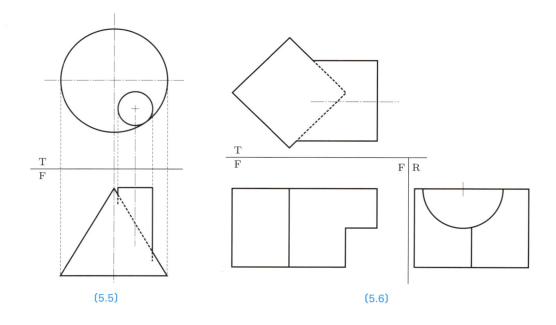

(5.5)　　　　　　　(5.6)

第 6 章　軸測投影と斜投影

形を立体的に描くと，形状情報を容易に伝えることができる．本章では，投影という観点から立体的な図を得る方法について学ぶ．この章で扱うのは，軸測投影，斜投影とよばれる立体表現である．

6.1　投影の種類

前章までは，正投影に基づく立体表現について学んだが，実は，これ以外にも投影方法はいくつかある．本節では，まず，図法幾何学で登場する投影方法の種類を分類して概説する．

投影方法は，図 6.1 に示すように**平行投影**と**透視投影**（**中心投影**ともいう）に大別される．平行投影は，投影方向を定める線（投影線）が，すべて平行となる投影方法である．また，透視投影は，投影線が 1 点に集まる投影方法（言い換えれば，対象物を 1 点から見て投影面に投影する方法）である．透視投影については，第 7 章で学ぶ．

平行投影は，投影線と投影面のなす角度によって，**垂直投影**と**斜投影**に分類される．垂直投影は，投影線と投影面が垂直な関係を保つ投影方法である．そして，垂直投影は，これまで学んできた正投影と，本章で学ぶ**軸測投影**に分類される．これに対して，投影線と投影面が垂直ではない投影方法が斜投影（**斜軸測投影**ともいう）である．斜投影も本章の後半で学ぶ．

◆**図面に立体感を出すには**

これまで学んだ正投影で対象物を作図する場合，通常は，立体形状を構成する線分が投影面と平行になるように対象物を配置する．とくに機械製図ではそのように配置するのが基本である．こうすると，立体を構成する直線成分が図面に実長として表現されるので，対象物のスケールを確認しやすい．ただし，この利点と引き替えに形状の立体感が乏しくなる．設計当事者は，頭の中で複数の図面を見比べながら立体をイメージできるので，これで十分であるが，一般人には理解しにくい．このような事情から，図面上のスケールの忠実性が多少犠牲になるが，1 枚の図面で立体感が出る表現方法が考案されている．図 6.1 に※と※※の印を付けた投影方法がこれに相当する．本章では，軸測投影と斜投影について，以下に説明する．

図 6.1　投影の種類

※は本章で学ぶ投影方法，※※は次章で学ぶ．

6.2 軸測投影と等測図

立体形状を，図面で立体感をもって表現する方法の一つとして**軸測投影**がある．これは，投影面に対して対象物を斜めに配置して投影図を描く方法である．投影線は平行（つまり平行投影）で，投影面に対して垂直であるので，垂直投影の範疇であるが，対象物を投影面に対して斜めに置くことで，投影図に立体感が出る．

6.2.1 軸測投影

軸測投影の原理を説明するために，対象物が立方体の場合を考える．まず，図 6.2 (a) に示すように垂直投影を考え，立方体を投影面に対して斜めに配置して，投影面上の形状を観察する．投影図は，立方体の配置の仕方によって，図 6.3 (a)，(b)，(c) に示すようにさまざまに変化する．図 6.3 (a) は，投影面に近い 3 辺の長さがすべて異なる場合，図 6.3 (b) は，2 辺が同じ長さになる場合，図 6.3 (c) は，3 辺の長さがすべて同じ場合である．このように，立方体の基準軸となる 3 辺で形を議論できるという意味で，軸測投影とよばれている．

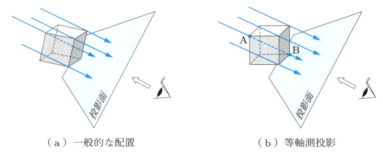

（a）一般的な配置　　　（b）等軸測投影

図 6.2　軸測投影の原理

(a) は一般的な配置，(b) は立方体の A，B 点を投影線が貫く配置で等軸測投影となる．

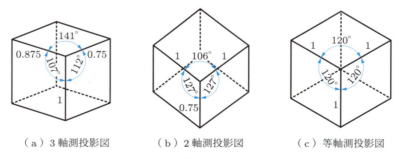

（a）3 軸測投影図　　（b）2 軸測投影図　　（c）等軸測投影図

図 6.3　軸測投影図の例

(a) 中央の 3 辺の長さがすべて異なる（辺のなす角度がすべて異なる）
(b) 2 辺の長さが等しい（辺のなす二つの角度が等しい）
(c) 3 辺の長さがすべて等しい（辺のなす角度がすべて 120°）

◆**軸測投影の種類**

ここで，**図 6.3（c）**となる投影条件を考える．このときの立方体の配置は，**図 6.2（b）**に示すように，対角に位置する頂点 A，B が投影方向に一致している．この配置にすると，3 辺の長さがすべて等しく，かつ 3 辺がなす角度がすべて 120° になる．**図 6.2（b）**の配置で投影図を得る方法を**等軸測投影**という．等軸測投影は軸測投影の特別なケースであり，この図面を**等軸測投影図**とよぶ．これに対して，**図 6.3（a）**のように 3 辺の長さがすべて異なる投影法を **3 軸測投影**，その図面を **3 軸測投影図**といい，**図 6.3（b）**のように 2 辺の長さが等しくなる投影法を **2 軸測投影**，その図面を **2 軸測投影図**という．これら 3 種類の投影図の中で等軸測投影図が，作図の簡便さの点でもっともよく利用されている．

軸測投影図は，垂直投影の一種なので，第 2 章で学んだ 2 回の副投影による作図法でも作図することは可能である．**図 6.4** に等軸測投影図の作図例を示す．対象物が立方体の場合は難しくないが，形状が複雑になると作図がわずらわしくなる．等軸測投影図は，**図 6.3（c）**のように各辺や角度が等しくなっている特徴を活用すると，投影操作を行わずに作図が可能である．

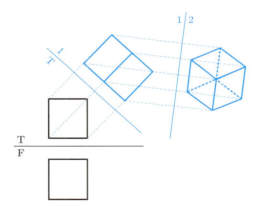

図 6.4　2 回の副投影による作図法で描いた等軸測投影図

6.2.2　等測図（アイソメ図）

等軸測投影では対象物を斜めに配置するので，投影面に描かれる対象物の寸法は縮小される．正確にいえば，対象物の形の基準となる直交する 3 軸方向の傾きは，投影面に対してすべて同じなので，寸法は等しく $\sqrt{2/3} \approx 0.81$ 倍に縮小される（この倍率については，練習問題〔6.5〕で確認してほしい）．しかし，実際には寸法をいちいち縮小するのはわずらわしいし，図面が正確に 0.81 倍に縮小されても，縮小された寸法を利用する機会は少ない（寸法に関しては主投影図で行う方が把握しやすい）．そこで，寸法を縮小しないで実際の寸法で描く方法が用いられる．この描き方の図を**等測図**または**アイソメ図**という．等測図は，機械製図で立体を提示する方法としてよく用いられる．

◆**作図するときのコツ**

上述の例では，対象物が立方体の場合について説明したが，立方体以外の対象物でも，同じ考え方で軸測投影図および等測図を描くことができる．立方体以外の場合は，できるだけ立方体の基本形に沿った配置にすると作図が楽になる．

正投影の図面から等測図を作図した例を図 6.5 に示す．正投影の図面に便宜的に直交座標を設定してから，等測図に特徴点をプロットすると作図しやすい．なお，直交座標の原点の取り方は自由に設定できる．この作図問題では，立体を構成する辺の長さを，等測図の軸方向に反映させることで容易に作図できる．

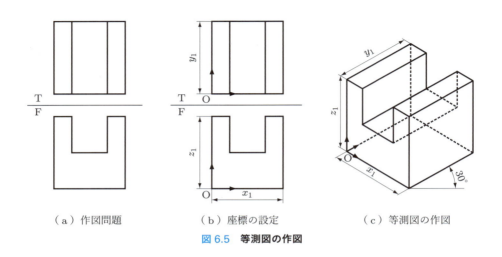

（a）作図問題　　　（b）座標の設定　　　（c）等測図の作図

図 6.5　等測図の作図

例題 6-1　三角錐の等測図

図 6.6 (a) に示す三角錐の等測図を描け．

解答

図 (b) となる．どのような立体であっても，まずは立方体の等測図（正六角形）から描くと，作図が容易になることが多い．この例題では，対象となる三角錐を内包する立方体の等測図から，各頂点の位置を求めている．

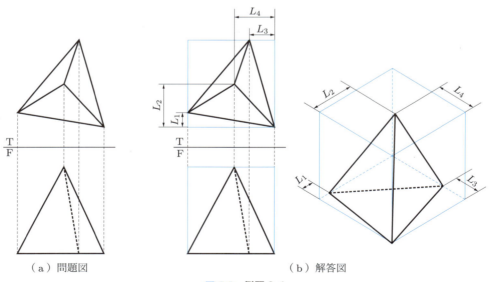

（a）問題図　　　　　　　　　（b）解答図

図 6.6　例題 6-1

6.3 斜投影（斜軸測投影）

斜投影（斜軸測投影）は，正面図あるいは平面図の情報を保持しながら立体感を表す投影方法である．斜投影では，投影面に対象物の図形情報の一部が反映される．その反映の仕方で，カバリエ投影とミリタリ投影に分類される．本書では，まず，直感的に理解しやすいイメージ図を使って，カバリエ投影図とミリタリ投影図の特徴を説明する．その後で，斜投影の原理について説明する．

6.3.1 カバリエ投影

カバリエ投影は，正面図の情報を保持しながら立体感を出す表現方法である．対象物として図 6.7 に示す立体図形を考える．カバリエ投影図を直感的に理解するには，図 6.8 のように，正面図に示された形状の薄板を，奥行き方向に一定の割合で斜めにずらしながら重ねた形をイメージするとよい．これを連続的に描くと図 6.9 のようになり，カバリエ投影図が得られる．奥行き方向を示す角度 δ は，薄板をずらす度合いで変化し，後述するように投影の考え方に従えば，投影線と投影面とのなす角度によって決まる．カバリエ投影の奥行き方向の長さは，ここでは平面図上の長さで描いている．この奥行きの長さについても後述する．

カバリエ投影図は，奥行き方向に少し違和感を感じるが，正面図の図形情報は正確であり，かつ，立体感のある図として描くことができる．そのため，直方体状の物体を簡易的に立体表現する方法として利用されている．

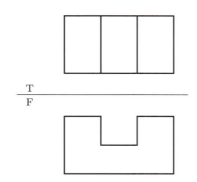

図 6.7　斜投影を説明するための立体形状

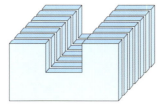

図 6.8　カバリエ投影図の直感的イメージ

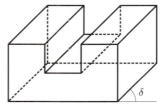

図 6.9　カバリエ投影図

6.3.2 ミリタリ投影

ミリタリ投影も斜投影の一種である．ミリタリ投影は，平面図の情報を保持しながら立体感を出す表現方法である．図 6.7 に示した立体形状のミリタリ投影図は，直感的イメージとしては，図 6.10 に示すように，薄い長方形の板を高さ方向に斜めにずらしながら重ねた形になる．これを連続的に描けば，図 6.11 (a) のミリタリ投影図が得られる．ただし，形を見やすくするために通常，図 (b) に示すように全体を回転させて，高さを示す直線部分が垂直になるように描く．奥行き方向を示す角度 δ は，カバリエ投影と同様に，次項で述べるように，投影線と投影面とのなす角度によって決まる．

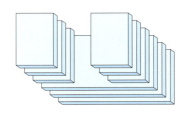

図 6.10　ミリタリ投影図の直感的イメージ

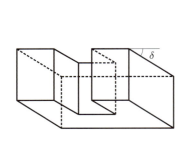 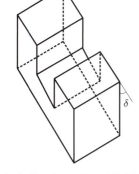

（a）図 6.10 より得られる投影図　　（b）見やすいように全体を回転

図 6.11　ミリタリ投影図

6.3.3 斜投影の原理

上述の説明では直感的なイメージ図を用いたが，投影の観点からカバリエ投影とミリタリ投影について説明する．これまで学んだ（第 1 章から第 6 章 6.2 節までの）投影図は，投影面に対して垂直方向に平行光線を投射することが前提になっている．この垂直投影では，図 6.7 の対象物から，図 6.9 や図 6.11 に示したような投影図を得ることは不可能である．しかし，図 6.12 に示すように，投影面に対して垂直方向ではなく，斜め方向の平行光線を当てて対象物を投影させるならば可能になる．斜投影は，この投影の仕方に由来する．また，カバリエ投影図，ミリタリ投影図の描き方の説明として使用した図 6.8，図 6.10 のイメージ図は，斜投影の本来の意味とは異なるが，対象物を斜めに変形させることにより同じ効果を出しているといえる．

6.3 斜投影（斜軸測投影）　63

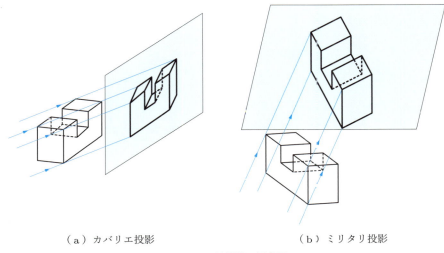

（a）カバリエ投影　　　　　　　　　（b）ミリタリ投影

図 6.12　斜投影の概念図

◆ 斜投影の表現を決定するパラメータ

　斜投影の立体表現を決定するパラメータは，奥行き方向を示す角度 δ と，奥行きの寸法比（奥行き方向の実長に対する投影長さの比）μ である．この二つのパラメータは，本来は投影面に対する平行光線の方向によって定まる．以下に，δ と μ の幾何学的な意味を，カバリエ投影の場合で説明する．

　図 6.13 は対象物，投影線，投影面を二つの方向（Top view，Side view）から描き，二つの投影面の対応関係からカバリエ投影図を描いている．これより，対象物の奥行き方向の長さ L_{real} は，Top view，Side view の投影面に，それぞれ L_1，L_2 の長さで投影され，この二つでカバリエ投影図の奥行き長さ L_{proj} が決定されることがわかる．また，奥行きの寸法比 μ は，$\mu = L_{\text{proj}}/L_{\text{real}}$ の関係があることがわかる．一方，角度 δ も L_1 と L_2 で決定され，$\delta = \tan^{-1} L_2/L_1$ の関係がある．

◆ 斜投影は δ と μ が決まれば作図できる

　このように，斜投影の幾何学的関係は，正投影の場合に比べると少し複雑である．しかし実際の作図では，δ と μ は具体的な数値で与えられるので，投影線の方向や L_1，L_2 の長さを意識する必要はまったくない．言い換えると，カバリエ投影図は奥行き方向の軸を δ と μ の値に従って設定するだけで作図が可能である（つまり投影操作は必要ない）．ミリタリ投影図についても同様に，δ と μ が与えられれば作図できる．斜投影は，奥行きを決める軸（斜軸）の長さと方向によって投影図が決まるという意味で，**斜軸測投影** ともいう．

　図 6.14 は，立方体をカバリエ投影したもので，$\delta = 30°$，$45°$，$60°$ とし，$\mu = 1$（奥行きを正面図と同じ寸法比）で描いている．この描き方（$\mu = 1$）では，実際よりも奥行きが長く見える．そこで，奥行きを実際の長さの半分（$\mu = 0.5$）にして描いたのが図 6.15 である．$\mu = 0.5$ の方が立方体であると認識しやすい．カバリエ投影の中で $\delta = 45°$，$\mu = 0.5$ を **カビネ投影** ともいう．

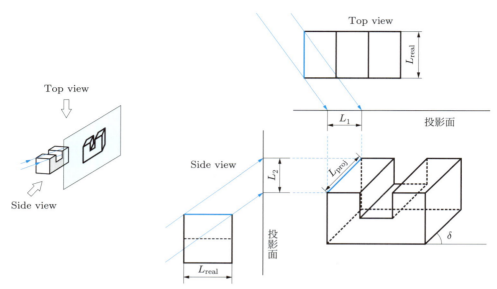

図 6.13　カバリエ投影の幾何学的関係

対象物の奥行き方向の 1 辺は Top view の投影面上に L_1, Side view の投影面上に L_2 の長さで投影される．したがって，カバリエ投影図の奥行き長さ L_{proj} と角度 δ は，L_1 と L_2 によって決定される．ただし，作図問題では δ も μ（$= L_{proj}/L_{real}$）もあらかじめ与えられるので，Top view および Side view における投影線の方向や，投影面上の長さ（L_1, L_2）を意識する必要はない．

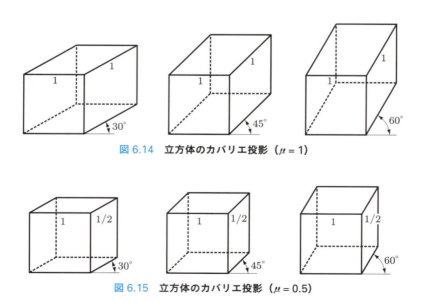

図 6.14　立方体のカバリエ投影（$\mu = 1$）

図 6.15　立方体のカバリエ投影（$\mu = 0.5$）

例題 6-2　カバリエ投影図の作図

図 6.16 (a) に示す立体のカバリエ投影図を描け．ただし $\delta = 30°$, $\mu = 0.5$ とする．

解答

図 (b) となる．カバリエ投影では正面図の情報が保持されるため，正面図で与えられた形状をそのまま描き，奥行き方向を指定された δ および μ に従って描く．

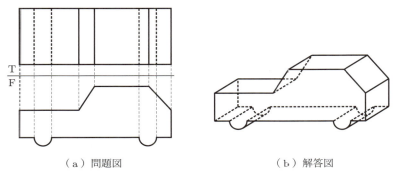

（a）問題図　　　　　　（b）解答図

図 6.16　例題 6-2

例題 6-3　ミリタリ投影図の作図

図 6.17 (a) に示す立体のミリタリ投影図を描け．ただし $\delta = 45°$, $\mu = 1$ とする．

解答

図 (b) となる．ミリタリ投影では平面図の情報が保持されるため，平面図で与えられた円形をそのままの大きさで描き，ここでは正面図で与えられた寸法で厚みを描いている．視線の方向（物体の傾き）に注意すること．

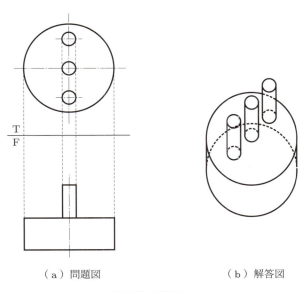

（a）問題図　　　　　　（b）解答図

図 6.17　例題 6-3

第6章 練習問題

(6.1) 与えられた立体の $\delta = 45°$, $\mu = 1$ のミリタリ投影図を描け．また，$\delta = 45°$, $\mu = 0.5$ のカバリエ投影図を描け．

(6.2) 与えられた立体の等測図を描け．

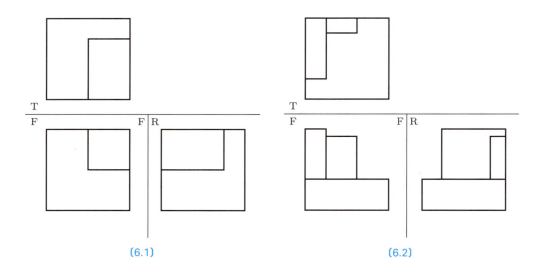

(6.1)　　　　　　　　　　　　(6.2)

(6.3) 与えられた立体の等測図を描け．

(6.4) 与えられた立体の等測図を描け．

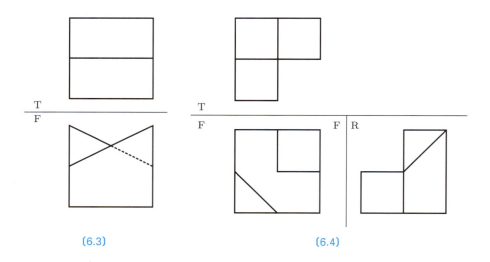

(6.3)　　　　　　　　　　　　(6.4)

(6.5) 等軸測投影では寸法が $\sqrt{2/3}$ に縮小されることを，**図 6.4** を利用して示せ．

第7章　透視投影

前章に引き続いて，形の立体表現について学ぶ．本章で扱うのは，透視投影とよばれる投影方法であり，2種類の作図手法（直接法，消点法）について説明する．

7.1　透視図

透視図は，**図 7.1 (a)** に示すように，対象物を1点で見つめて投影面に投影する描き方である．この投影方法を**透視投影**あるいは**中心投影**という．ここで，正投影による正面図が描かれる正面と区別するため，透視投影による透視図が描かれる投影面のことを，特別に**画面**（Picture Plane）とよぶことにする．透視投影では対象物が近いほど大きく，遠いほど小さく描かれる．これによって遠近感のある図が得られる．透視図は，空間的な広がりを効果的に表せるので，絵画表現としても重要である．本章では，幾何学的な関係から透視図の描き方を説明する．

透視図を作図する際に押さえておくべき設定は，視点と画面，対象物の位置関係である．基準面（図法幾何学では**基面**とよぶ）からの視点の高さを**視高**，画面までの距離を**視距離**とよぶ．透視図は，この幾何学的関係から，視点と対象物を構成する特徴点とを直線で結び，画面との交点を求めることによって得られることがわかる．

◆ **透視図で使う投影面**

透視図の対象物は，これまでと同様に第三角法で提示される[1]．ただし，画面に描かれる透視

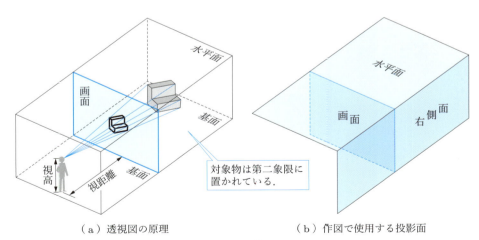

（a）透視図の原理　　　　　　　（b）作図で使用する投影面

図 7.1　透視図

---

1) 対象物は第二象限に置かれているので，このままでは第三角法による図面の提示ができないが，水平面と右側面を図 7.1 (b) のように設定することにより，第三角法による提示が可能となる．

図が正面図と重なって図が煩雑になることを避けるため，正面図は使用しない．すなわち対象物は，平面図および右側面図，または副投影図で与えられる．また，水平面と右側面は，視高や視距離の図形情報を入れるため，図 (b) のように画面の後方だけでなく前方も覆うように設定する．

図法幾何学的に透視図を得る代表的な作図手法として，直接法と消点法がある．この二つの手法について以下に説明する．透視図の作図においても，どのような投影像になるかを頭の中で思い描くことがもっとも大切である．とくに，図 (a) の配置を意識して透視図の概形を予想しておくと，作図解の見通しがよくなる．

7.2　直接法

図 7.2 は，視点 S から画面後方の点 A を見たときに，画面上に投影される点 A の透視図 a_P の幾何学的関係を示している．すなわち，透視図を得るには，直線 SA と画面との交点を求める作図となる．

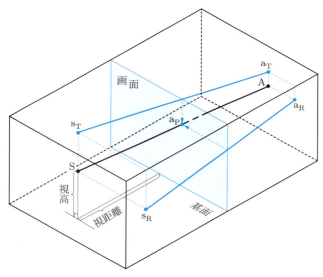

図 7.2　直接法の考え方

　直接法による透視図の作図は，水平面および右側面に対象物と視点とを結ぶ直線を描くことによって，画面上の交点の座標を，水平方向成分と鉛直方向成分に分解して求めることを基本としている．

　画面上に投影される点 A の透視図は，図 7.3 に示すように，平面図と右側面図の位置関係から求めることができる．図面上で，基準線 T/P は水平面と画面を区分し，基準線 R/P は右側面と画面を区分している．ただし，図 7.2 を見ればわかるように，視点位置 s_T と s_R は，それぞれ平面図と右側面図に対応している．そして，図 7.3 に示した直線 GL（Ground Line）は基面の直線視図を示しており，基線とよぶ．透視図は画面上への投影であるため，通常は基準線 T/P より下側，基準線 R/P より左側に描かれる．作図の作業ステップは以下の通りである（図 7.2 と図

7.3 を併せて参照すると理解しやすい).

- **ステップ1：水平方向の位置を求める**
  平面図上で直線 $s_T a_T$ と基準線 T/P との交点を求め，透視図の水平方向の座標を求める．
- **ステップ2：鉛直方向の位置を求める**
  右側面図上で直線 $s_R a_R$ と基準線 R/P との交点を求め，透視図の鉛直方向の座標を求める．
- **ステップ3：透視図を作図する**
  横および縦の位置情報から，透視図 a_P の位置が定まる．

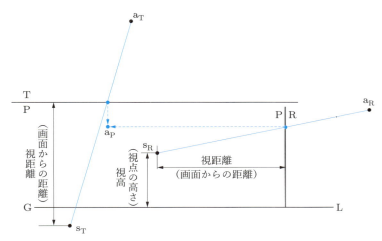

図 7.3 　直接法による点 A の作図

◆ **立体の透視図の場合**

以上の操作は，点の透視図の求め方であるが，対象物が立体の場合でも同様の操作が適用できる．すなわち，対象物の特徴点の数だけステップ1から3の操作を繰り返せば，画面上に透視図を描くことができる．例として，直方体の作図問題を図 7.4 に示し，直接法による作図解を図 7.5 に示す（見えない部分は破線で示している）．

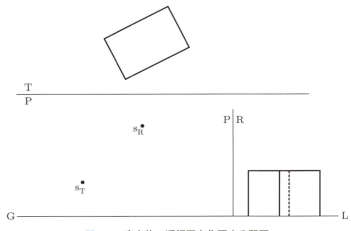

図 7.4 　直方体の透視図を作図する問題

70　第 7 章　透視投影

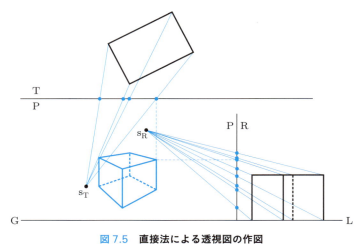

図 7.5　直接法による透視図の作図
透視図の点は一箇所のみ対応点を表示している．

このように，直接法は対象物の特徴点を一つひとつ求めていく作図法であり，形を点の集まりとして描いている．単純な操作で作図できるが，やや面倒ではある．これに対して，次節で述べる消点法では，対象物を構成する形を直線の集まりとして扱う作図法である．対象物が立体形状の場合には，消点法の方が作図の手間が少なくて済むという特長がある．

例題 7–1　直接法による作図

図 7.6（a）に示す基面と水平に置かれた円の透視図を，直接法で描け．

解答

図（b）となる．円を 8 分割程度に分けて各点の透視図を求め，なめらかに結ぶ．以上の 8 点で透視図の概形を描くことができるが，正確に描くために透視図の左右の端を明確にしておきたい．それには，解答図に示すように s_T から平面図上の円に接線を引き，この接点の透視図を求める．

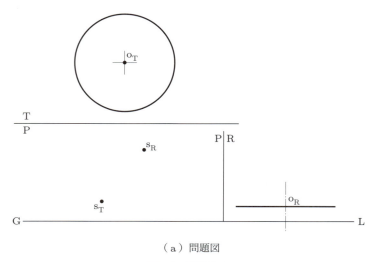

（a）問題図

図 7.6　例題 7–1

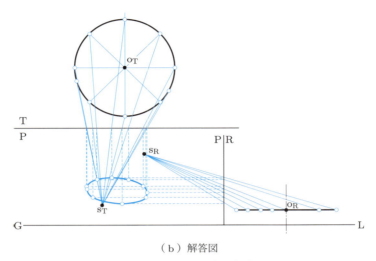

（b）解答図

図 7.6　例題 7–1（つづき）

7.3　消点法

　消点法を理解するために，実際の建造物を例に挙げよう．図 7.7 は駅のプラットホームであるが，遠方で 1 点に集約されているのがわかる．通路だけでなく，天井の照明ラインや柱の列も，遠方では同じ箇所に集まっている．このように，遠くまで延びた線分あるいは一方向に並んだ形が遠方で 1 点に集約される箇所を，**消点**とよぶ．また，図 7.8 の建造物では消点が複数存在し，消点の水平方向の位置は遠方方向に延びる線分の向きで決まることがわかる．さらに，これらの消点の高さは，基面と平行な線分ならばすべて等しくなっているようである．では，消点の高さは何で決まるのだろうか．このことを次に説明する．

◆ **消点の高さ**

　図 7.9（a）に，消点の幾何学的な説明図である．視高（目の高さ）S から無限に広がる基面上のある点を見つめるとする．見つめる地点を遠方に延ばしていくと，基面と視線方向のなす角が

図 7.7　駅のプラットホーム（遠方で一箇所に集約→消点）

72　第 7 章　透視投影

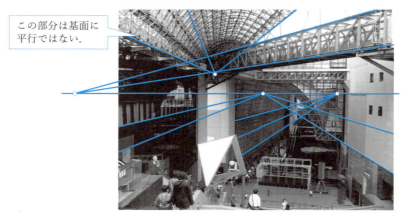

図 7.8　消点が複数見られる建造物

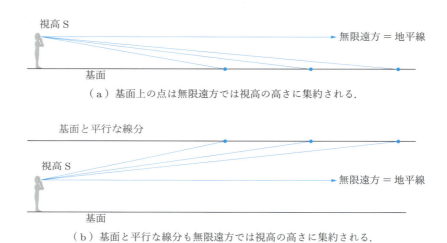

（a）基面上の点は無限遠方では視高の高さに集約される．

（b）基面と平行な線分も無限遠方では視高の高さに集約される．

図 7.9　地平線と視高の関係

小さくなり，無限遠方ではゼロになる．このとき，視高と地平線は一致することがわかる．また，**図 (b)** は基面と平行な線分の場合で，やはり無限遠方では視高と一致する．つまり，この幾何学的関係から，基面と平行な線分（方向，高さは問わない）であれば，線分を無限遠方まで延ばした先は必ず地平線と一致し，視高と同じ高さになる．

　上述した消点の性質を利用すると，直線や平面で構成された人工物（建物など）の透視図の作図が簡便になる．その理由は，これらの人工物は直方体状の形を基本とするために，基面と平行な線分を多く含むためである．実際の建物で消点ができることを確認したのが **図 7.10** である．建物の左右壁面の平行成分に着目すると，消点が二つあることがわかる（中央部の建物は別の方向の平行成分となっているので，これらの消点とは異なる場所に消点ができる）．

◆**地平線の位置と立体の見え方**

　ここまでの説明で，対象物が単純な直方体の場合は，形状を構成する平行成分と消点の関係が，**図 7.11 (a)** のようになることが理解できる．つまり，二組の平行線は無限遠方で地平線に集約され，二つの消点となる．そして，この地平線は視高に一致する．さらに，**図 (b)** に示すよう

7.3 消点法　73

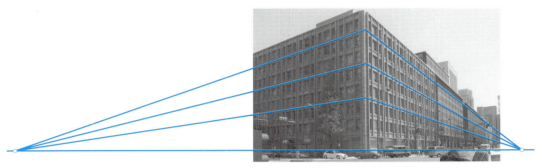

図 7.10　実際の建物で観察される消点

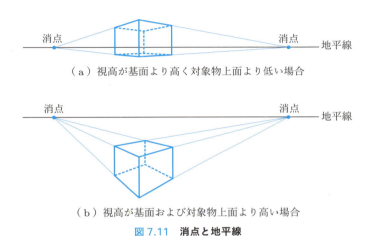

（a）視高が基面より高く対象物上面より低い場合

（b）視高が基面および対象物上面より高い場合

図 7.11　消点と地平線

基面と平行な線分の延長は地平線上の点に収束する．

に，地平線の位置が変化すると直方体の見え方が異なることもわかる．この例では，地平線が上側に位置しているため，俯瞰的な（高い所から見下ろしたような）透視図となる．

以上に述べたように，消点は透視図の重要な位置情報であり，消点法による作図は，2次元の図面から消点を求める作業から始まる．以下に，消点を利用した作図法について，順を追って説明する．

7.3.1　消点法による 2 直線の透視図

消点法は，対象物を構成する形を直線の集まりとして扱うことにより，形の特徴点を見つけることができる．ここでは，消点法の作図の基本を理解するために，二つの直線成分に注目し，2 直線のなす角の頂点の透視図を求めることにする．問題設定として，図 7.12 に示すように，2 直線 AB，BC が基面に対して平行に置かれているとする．直線の配置を図 7.13 (a) に示す．この 2 直線は，後述する直方体形状の一部分である．消点法の作図では，図面に地平線の位置を示す HL（Horizontal Line）を記載する．この高さは視高 S に等しい．図 7.12 には，このことを確認するため s_R を書き入れてあるが，消点法では HL を利用するので，作図では s_R の表記は省略する．以下に，作図の作業ステップを示す．

74　第7章　透視投影

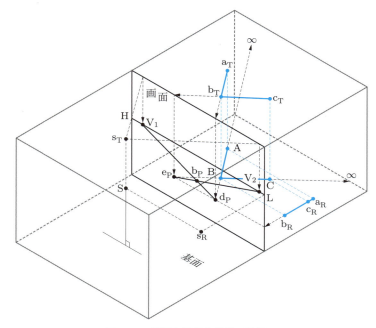

図 7.12　基面と平行な線分の透視図

- **ステップ1：消点を求める**

2直線AB，BCの消点を求める．この作図を**図 7.13 (b)** に示す．まず，平面図上でs_Tを通り線分$a_T b_T$に平行な線を引き，基準線T/Pとの交点を求める．この交点が消点の水平方向の位置となるので，地平線HLへ垂直に下ろせば消点V_1が求められる．同様に，線分$b_T c_T$に注目し，同様の作図を行うと，もう一つの消点V_2が求められる．なお，s_Tから線分$a_T b_T$，$b_T c_T$に対して平行に引く理由が直感的にわかるように，この項の最後で説明する．

- **ステップ2：直線と画面の交点を求める**

直線$a_T b_T$の一端を画面方向に延長したときに，基準線T/Pと交わる点の位置を求める．この交点は画面上にあるので，**図 (c)** に示すように，右側面図の情報と合わせて画面上の位置（透視図）d_Pが求められる．同様に，直線$b_T c_T$を画面方向に延長してできる透視図e_Pを作図する．

- **ステップ3：全透視図を求める**

直線ABを，画面と反対方向にも無限遠方まで延ばした線の透視図を描く．これを**全透視図**という．直線ABの無限遠方は消点V_1なので，画面上では直線ABの全透視図は，**図 (d)** に示すように線分$d_P V_1$となる．つまり，直線ABを第二象限内でどんなに伸縮しても，透視図上では必ず線分$d_P V_1$に含まれる．直線BCも，同様の作図で全透視図を求めると$e_P V_2$となる．

- **ステップ4：2直線のなす角の頂点を求める**

全透視図$d_P V_1$と$e_P V_2$との交点から，点B（2直線のなす角の頂点）の透視図b_Pが求められる．

7.3 消点法

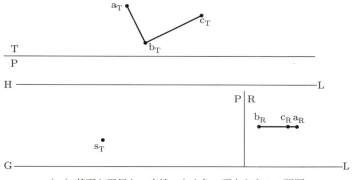

(a) 基面と平行な2直線のなす角の頂点を求める問題

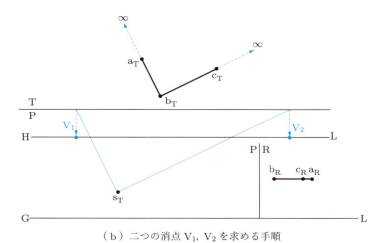

(b) 二つの消点 V_1, V_2 を求める手順

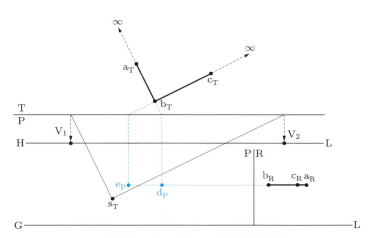

(c) 直線 AB および BC の延長線が画面と交わる点(透視図 d_P, e_P)を求める手順

図 7.13 消点法による2直線の透視図

76　第 7 章　透視投影

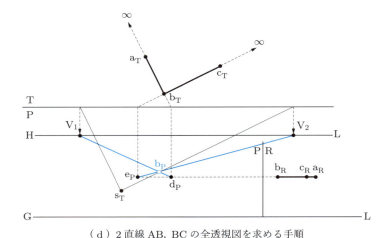

（d）2 直線 AB，BC の全透視図を求める手順

図 7.13　消点法による 2 直線の透視図（つづき）

直線 AB の全透視図は $d_P V_1$ であり，直線 BC の全透視図は $e_P V_2$ である．これら二つの全透視図の交点より 2 直線のなす角の頂点（b_P）が求められる．

◆消点および全透視図の補足説明

　図 7.14 のように，画面から無限遠方まで直線上に並んでいる柱を観察者が眺めているとする．図は，画面上に柱の上端が透視図として描かれる様子を示している．注目する柱が遠方になるほど，視線は柱の並ぶ直線と平行に近づき，視線と画面の交点は HL の高さ，すなわち視高に近づいている．そして無限遠方では，視線は柱の並ぶ直線と平行となり，視線は消点 V で画面と交差する．したがって消点 V は，s_T から柱の上端に沿った直線と平行に引き，画面と交わった箇所で HL に下ろせば求められる．さらに，柱が一直線上に隙間なく並んでいれば，柱の頂点は基面と平行な直線となり，これに対応する透視図は消点 V への直線，すなわち全透視図となることも理解できる．

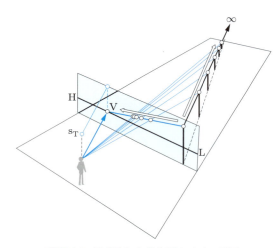

図 7.14　消点法による作図のイメージ図

例題 7-2　消点法による三角形の作図

図 7.15 (a) に示す基面に平行に置かれた三角形の透視図を，消点法で描け．

解答 1

図 (b) となる．三角形の各辺から 3 個の消点が得られる．

① 消点 V_1, V_2, V_3 を求める．
② 全透視図を 3 本描く．
③ 全透視図の三つの交点から透視図が求められる．

解答 2

図 (c) となる．三角形を含む平行四辺形の透視図を考えれば，消点 2 個でも作図することができる．

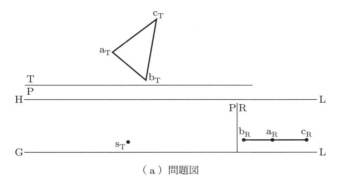

（a）問題図

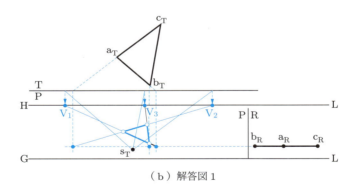

（b）解答図 1

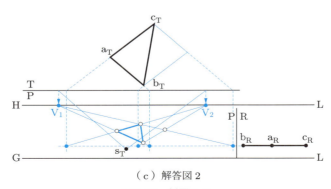

（c）解答図 2

図 7.15　例題 7-2

7.3.2 消点法による直方体の透視図

前述の2直線の透視図の作図法を応用すると，図 7.16 (a) の直方体の透視図を描くことができる．以下に手順を示す．

- **ステップ1：消点を求める**

平面図より二つの消点（V_1，V_2）を求める（**図 (b)** 参照）．

- **ステップ2：全透視図を求める**

直方体を構成する各辺（直線）に対する全透視図を求める．これは，**図 (c)** に示すように，各直線を延長して画面と交わる点の透視図（小さい青丸で表示）を求め，この透視図と各直線に対応する消点とを結ぶ作図である．これより，計8本の全透視図が求められる．

- **ステップ3：直方体の透視図を求める**

ステップ2で求めた全透視図から，立体の透視図に必要な情報を得る．まず，全透視図どうしの交点から直方体の特徴点を決定する作業を行う．その際，直方体を構成する辺に対応する全透

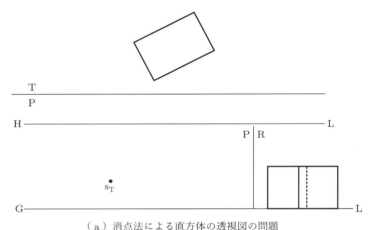

（a）消点法による直方体の透視図の問題

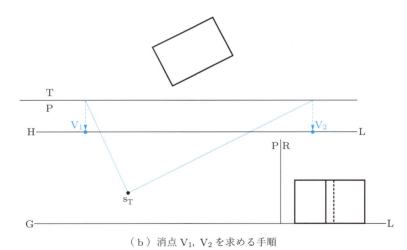

（b）消点 V_1，V_2 を求める手順

図 7.16 消点法による直方体の透視図

7.3 消点法　79

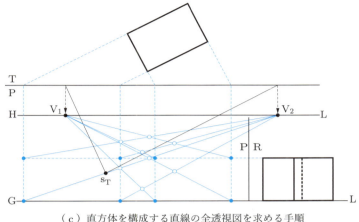

（c）直方体を構成する直線の全透視図を求める手順
全透視図の交点から直方体の頂点を決定する．

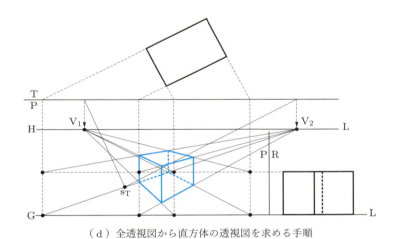

（d）全透視図から直方体の透視図を求める手順
図 7.16　消点法による直方体の透視図（つづき）

視図を確認しながら交点を選ぶことが大切である．**図 (c)** では，交点を白抜きの丸で示している．交点が求められたら，**図 (d)** に示すように，直方体の辺と対応するように交点どうしを結び，直方体の透視図を描く（見えない部分は破線で示す）．

◆**基面に垂直な線分は平行**

このように，消点法による作図では，直方体の特徴点は全透視図の交点からすべて求められる．完成した透視図を見ると，基面に対して垂直な線分は，透視図上でも垂直に描かれる．つまり，基面に垂直な線分はすべて平行になる．これを知っていると作図するときに便利である．この幾何学的関係は**図 7.5** の直接法の作図を見ると理解できる．しかし，高い建物を見上げると上の階ほど小さく見えるし，カメラで撮ってもそのように写る．この現象とは矛盾しないのだろうか．このことについては 7.4 節で解説する．

7.3.3 副投影図による複雑な形状の提示について

消点法の利点として，副投影図による作図が可能であることが挙げられる．前項までで平面図と右側面図による作図法を述べたが，右側面図の提示では形状が複雑になるとわかりにくくなる．たとえば，図 7.17 に示す立体でも右側面図は少し複雑になる．

このような場合は，立体形状を把握しやすい図面（副投影図）で提示される．副投影図で立体情報を提示する場合には，副投影図上に基線 GL が示される．副投影図を用いた作図を，図 7.18 に示す．高さ情報が必要なときには，コンパス（または定規）で基線 GL からの高さ情報を写し取って作図する．つまり，副投影図で立体情報が示されている場合は，透視図の作成のために右側面図を新たに描く必要はない．なお，屋根の主棟（屋根最頂部）の作図は，この線分を基面に投影した線分が利用できる．

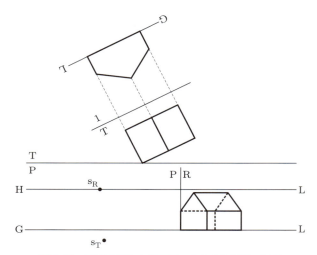

図 7.17　副投影図と右側面図による立体情報の提示

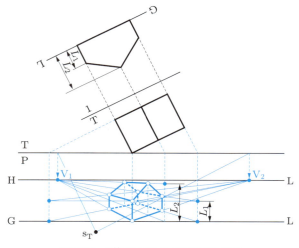

図 7.18　副投影図による透視図の作図

7.3 消点法　81

例題 7-3　副投影図で提示された作図問題

図 7.19 (a) に示す立体の透視図を描け．

解答

図 (b) となる．平行成分が少ない立体形状であっても，各頂点を直交座標系でプロットすることを考えることにより，二つの消点で解を求めることができる．

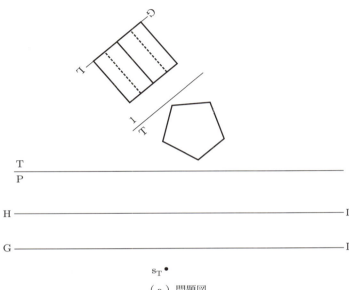

（a）問題図

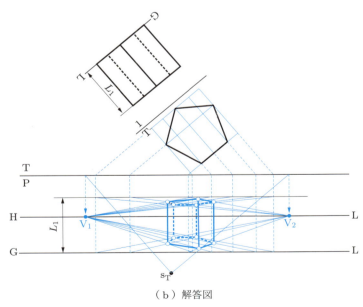

（b）解答図

図 7.19　例題 7-3

7.4 鉛直方向成分の幅が狭くならない理由

高層ビルを見上げると，図 7.20 のように，上階ほど小さく見えることは日常的に経験することである．しかし，上述した透視図の描き方では垂直方向成分は平行に描かれるので，上方で間隔が狭まることはない．両者に矛盾はないのだろうか．

図 7.20　高層ビル（サンシャイン 60）

実は，われわれが高い建物を見上げているときには，図 7.21 (a) に示す配置ではなく，図 (b) の配置になっている．つまり，建物の近くにいるため，投影面と建物の鉛直成分が平行になっていない．この傾斜した投影面は，カメラで建物上方を写すときの撮像面に対応するので，この撮影状態を想像すると理解しやすいと思う．ただし，図法幾何学では，基面に対して投影面は垂直であると規定しているので，図 (b) の設定のままでは扱いにくい．そこで，図 7.22 のように対象物の方を斜めにし，また作図作業を簡単にするため，壁面を長方形の板と考える．すると図 7.23 のような問題設定になる．この透視図を直接法で描くと図 7.24 のようになり，確かに上方ほど幅が小さくなる．この垂直方向の縮小効果は，建物に接近して見上げた状態で現れる．逆に，建物全体が把握できる距離（図 7.21 (a) のような設定）になれば消失する．つまり，本章で学んだ透視図の幾何学的関係になる．

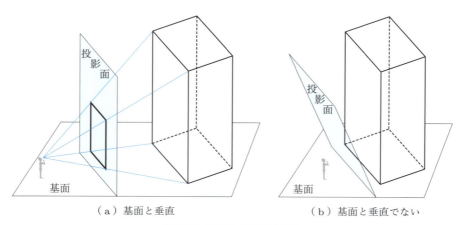

（a）基面と垂直　　　　　　　　（b）基面と垂直でない

図 7.21　建物と投影面の関係

第 7 章 練習問題　83

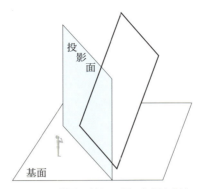

図 7.22　基面に対して傾いた板を想定

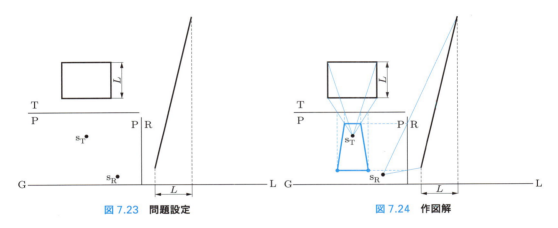

図 7.23　問題設定　　　　　　　図 7.24　作図解

第 7 章　練習問題

(7.1) 与えられた立体の透視図を直接法を用いて求めよ．

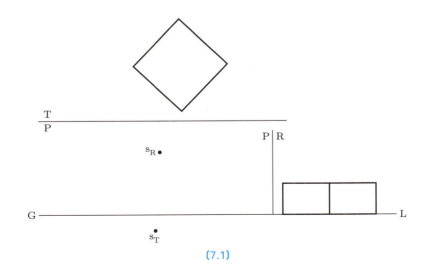

(7.1)

(7.2) 与えられた立体の透視図を直接法を用いて求めよ．

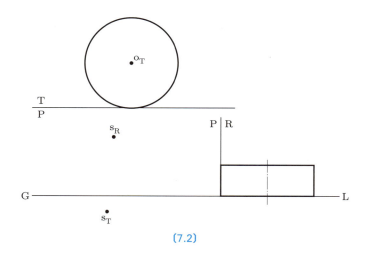

(7.2)

(7.3) 与えられた立体の透視図を消点法を用いて求めよ．

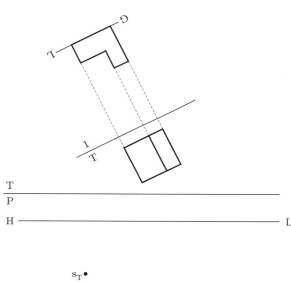

(7.3)

〔7.4〕 与えられた立体の透視図を消点法を用いて求めよ．

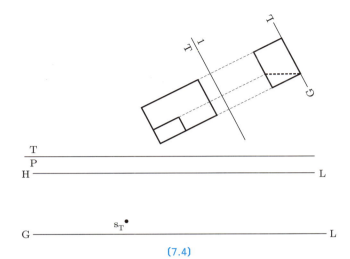

〔7.4〕

第 8 章　立体の展開

本章では，立体の表面を平面上に広げる図形操作について学ぶ．これは，板金や布などの平面状の素材を使って，立体的な形を製作するときに役立つ方法である．

8.1　展開と展開図

　立体の表面を一つの平面上に広げる操作を**展開**とよび，展開された図面を**展開図**という．展開図は，板金加工や衣服製作などの用途で重要である．板金や衣服を製作するときには，材料の厚さや貼り合わせも考慮する必要があるが，図法幾何学では立体表面に限定して議論する．展開は，投影面に映し出す操作ではないので投影の範疇に入らないが，これまで学んだ副投影図の表示方法や，作図手法（とくに回転法）の考え方は役立つ．

　立体には，正確に展開できるものと正確には展開できないものがある．平面で構成される図 8.1 (a) のような多面体は，正確に展開できる．また，図 (b) に示すような，母線で表現され

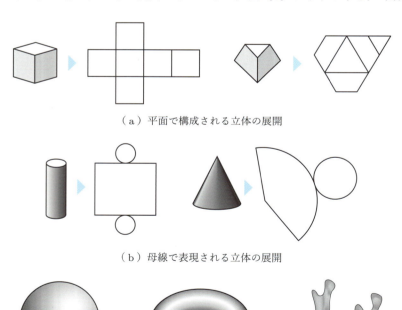

（a）平面で構成される立体の展開

（b）母線で表現される立体の展開

（c）正確には展開できない立体

図 8.1　立体の展開

る曲面（柱面，円錐面など）をもつ立体も，正確に展開できる．これらは，展開図から元の立体形状が正確に復元できる．これに対して，図 (c) の球面やドーナッツ状あるいはもっと複雑な曲面（自由曲面）は，正確には展開できない．正確に展開できない立体に対しては，近似的に展開する作図法がある．本章では，まず，正確に展開可能な立体について作図法を種類別に説明し，次に，近似展開の作図法について述べる．

8.2　柱面の展開

　立体が展開可能な例として，水平面に対して垂直に置かれた角柱および円柱の柱面の展開方法について説明する．水平面に対して垂直に柱面が配置される場合，正面図および平面図に実長が示されているので，作図は容易である．以下の展開図では，柱の両端面の形は省略する．

　図 8.2 に，上端が斜めにカットされた角柱の側面を展開する作図法を示す．平面図および正面図から，稜と辺の実長に従って各面の形を順に描けば，展開図が得られる．

　同様な作図例として，上端が斜めにカットされた円柱曲面の展開方法を，図 8.3 に示す．第 4 章で説明した母線で表現される曲面は，一平面に正確に展開可能である．図では，円柱を 8 分割

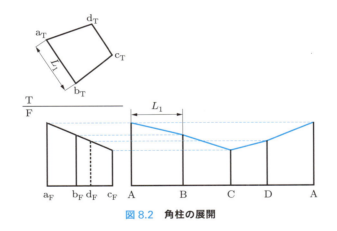

図 8.2　角柱の展開

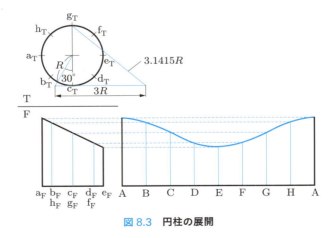

図 8.3　円柱の展開

して柱面の高さを求め，曲面部分を順に描いている．

なお，上端部の曲線は，左右の点の高さを考慮しながらなめらかな線で結ぶ．このため，分割数が少ないと上端部の形状を正確に復元するのは難しくなる．一方，下端部については，分割された距離が正確ならば，円形の切り口は正確に復元できる．

◆**円周の長さの求め方**

曲面の作図では，円周で区分された間隔を正確に求めることが必要になる．円周の分割数を増やせば，分割した円弧の長さを 2 点間の直線距離で近似できるが，作図が大変になる．ここでは円周を 8 分割し，円周の長さは計算を使わず作図解法（付録 A.7 参照）で求めている．

8.3　錐面の展開

錐面を展開する場合は，稜の実長を求める必要がある．図 8.4 は，角錐の展開を示している．稜の実長は回転法により求め，一つひとつ平面を作図して展開図を描いている．底に相当する部分は平面図より明らかなので，展開図では省略している．

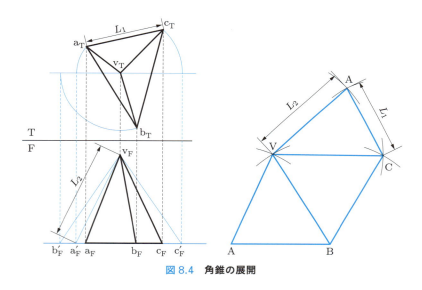

図 8.4　**角錐の展開**

円錐や斜円錐も，母線で表現される曲面なので展開することができる．図 8.5 は，斜円錐の展開を示している．斜円錐の場合も，区分（ここでは 8 分割）された母線の実長を回転法によって求め，区分ごとに作図していけば展開図が得られる．斜円錐では，底面の展開形状は曲率の異なる曲線となるので，隣接する作図点に注意しながらなめらかに結ぶ必要がある．この作図でも，底円の部分は展開図では省略している．

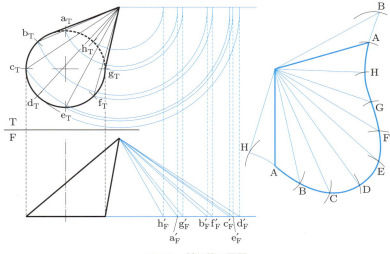

図 8.5　斜円錐の展開

例題 8-1　四角錐の展開

図 8.6 (a) に示す立体の展開図を描け．底面は長方形とする．

解答

図 (b) となる．回転法で稜の実長を求める．平面図の底面は実長を示しているので，そのまま利用できる．この展開図では上下端面を省略している．

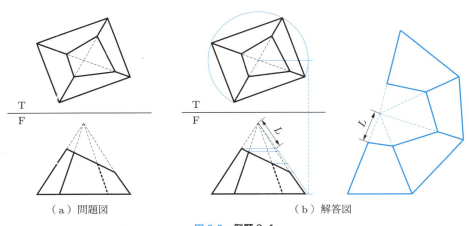

　　　　(a) 問題図　　　　　　　　　(b) 解答図

図 8.6　例題 8-1

例題 8-2　円錐面の展開

図 8.7 (a) に示す立体の展開図を描け．

解答

図 (b) となる．ここでは 12 分割して展開図を求める作図を示す．この展開図では上下端面を省略している．

90　第 8 章　立体の展開

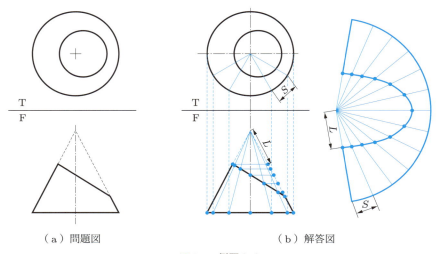

（a）問題図　　　　　　　　　（b）解答図

図 8.7　例題 8–2

8.4　近似展開

　球面やドーナッツ状の曲面のような，正確には展開できない立体は，近似展開による方法を利用する．近似展開の代表例として球面の場合について説明し，次に，ドーナッツ状の曲面の展開方法について述べる．

8.4.1　球面の展開

　球面の近似展開は 2 種類の方法がある．一つは，図 8.8 (a) に示すように経線に沿って紡錘状の形に分解して展開する方法と，図 8.9 (a) に示すように緯線に沿って帯状に分解して展開する方法である．展開図は，それぞれ図 8.8 (b) と図 8.9 (b) のようになる．どちらの展開でも，分割した部分は，球面の一部ではなく直線の母線で表現される曲面（近似曲面）となる．すなわち，前者の曲面分割では，図 8.8 (c) のように円柱面の一部として，後者は，図 8.9 (c) のように円錐面の一部分となる．したがって，復元された球体は円柱や円錐の曲面部分をつなぎ合わせた

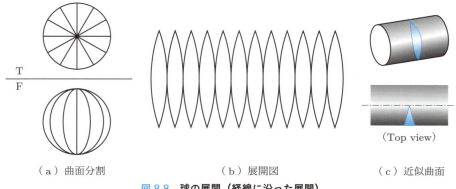

（a）曲面分割　　　　　（b）展開図　　　　　（c）近似曲面

図 8.8　球の展開（経線に沿った展開）

8.4 近似展開　91

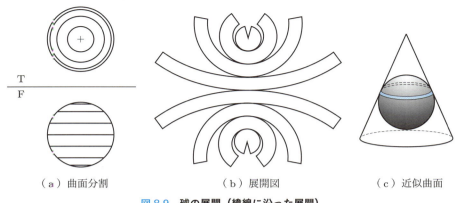

(a) 曲面分割　　(b) 展開図　　(c) 近似曲面

図 8.9　球の展開（緯線に沿った展開）

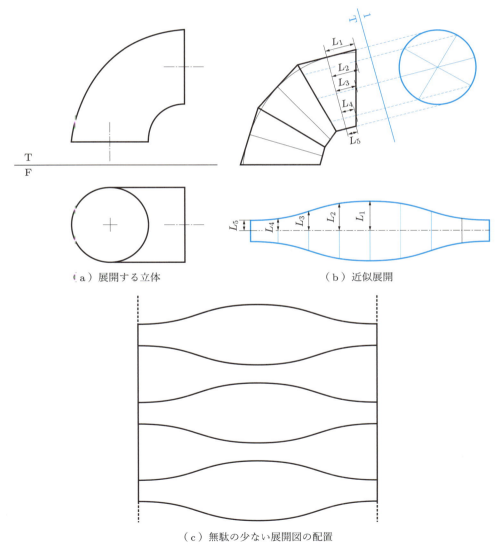

(a) 展開する立体　　(b) 近似展開

(c) 無駄の少ない展開図の配置

図 8.10　ドーナッツ状曲面の展開

92　第 8 章　立体の展開

曲面となる．つまり，正確な球面にはならない．球面の再現性を高めるには分割数を多くする必要があるが，作図は分割数の増大とともに大変になる．

8.4.2　ドーナッツ状曲面の展開

ドーナッツ状曲面は対称形なので，図 8.10 (a) に示すように，4 分の 1 の立体の展開について考えることにする．展開は，図 (b) に示すように平面図上で 30° の角度で切った円柱面で近似している．ここでは，円柱の高さを副投影法で求めている．円柱の高さがわかれば，円柱面の展開方法に従って作図できる．この展開図は上下左右で対称なので，展開図が複数必要なときには，図 (c) のように配置することができる（実際に展開図を描いて立体を作成するときに材料を有効利用できる）．

例題 8-3　近似展開の作図問題

図 8.11 (a) に示す立体の展開図を描け．上下の蓋（円板）は省略してよい．

解答

図 (b) となる．水平方向に 4 分割し，円錐曲面と円柱面に近似展開している．展開図に必要な周長や角度は計算で求めている．図 (c) に紙工作した作品を示す．

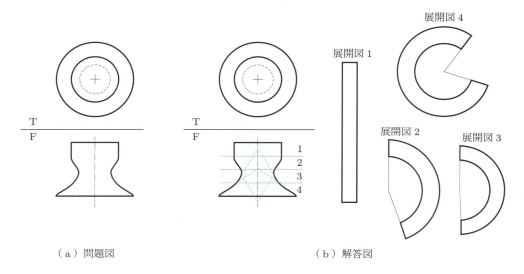

（a）問題図　　　　　　　　　　　　（b）解答図

（c）紙工作した作品

図 8.11　例題 8-3

第 8 章 練習問題

〔8.1〕 与えられた立体の展開図を描け.

〔8.2〕 与えられた立体の正面図に直線視図で示された平面によって切り取られる下側部分の展開図を描け.

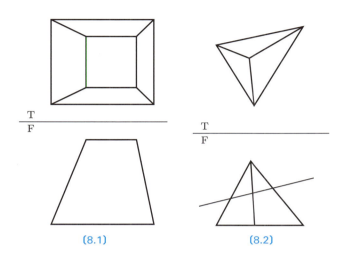

〔8.3〕 与えられた立体の展開図を描け.

〔8.4〕 与えられた立体の展開図を上下端面（正六角形）を含めて描け.

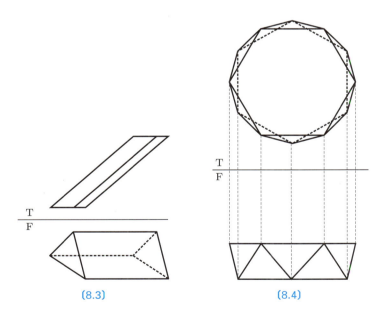

(8.5) 斜めにカットされた円柱面の展開図を描け.
(8.6) 円錐と円柱を組み合わせた立体の展開図を描け.

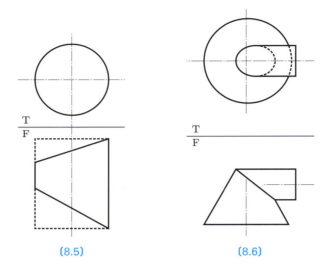

(8.5)　　　　　　　　(8.6)

付　録　「作図の作法」

本書の作図問題を解くのに必要な作図の方法を，以下に示す．多くは小，中学校で学習した内容と思うが，作図が不正確であると作図の論理が正しくても正しい解が得られないので，正確な作図を行うためにひととおり確認していただきたい．

A.1　与えられた点を通る垂直線の作図

①直線に沿って定規を置く．
②もう一つの定規で直角を出しながら，点に沿って置き，線を引く．

スタート　　　　　①　　　　　②

A.2　与えられた点を通る平行線の作図

①直線に沿って定規を置き，もう一つの定規で直角を出す．
②直角を出した定規は動かさないで，もう一つの定規を点に沿って置き，線を引く．

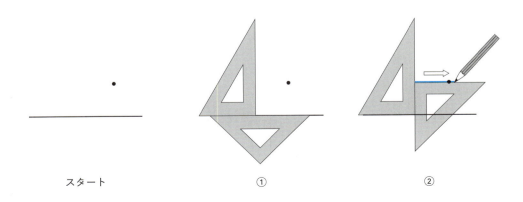

スタート　　　　　①　　　　　②

A.3　直線を二つに分割する作図

①コンパスで点 A，B を中心にして弧を描く．
②弧の交点を定規で結ぶ．

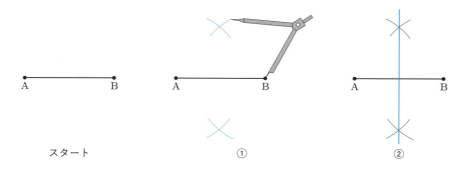

A.4　直線を等分割する作図

ここでは 5 等分割を例に説明する．
①点 A から適当な方向に線を引き，コンパスで等間隔に印を五つ付ける．
②五つ目の印（C）と点 B を結び，おのおのの印からこれと平行な直線を引く．

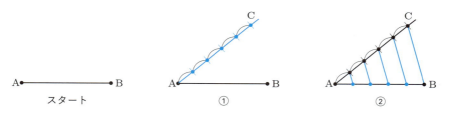

A.5　与えられた点を通る円の接線の作図

①コンパスで直線 OP の二等分点を求めて，OP が直径となる円を描く．
②二つの円の交点 Q が接点となるので，定規で直線 QP を引く．接線を引く作図では，定規で直接，線を引きたくなるが，接点が正確に求められないと誤差が発生する．上記の作図が時間的に間に合わない場合でも，角 OQP が直角になっていることは確認すること．

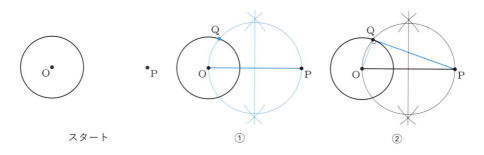

A.6　二つの円の共通接線の作図

① 大きい円 O_1 の方に，小さい円 O_2 の半径を引いた円 O_3 を作る．

② 小さい円 O_2 の中心から円 O_3 に接線を引く．このとき，円 O_3 に接する点を A とする．

③ 大きい円 O_1 の中心と点 A を通る直線を引き，円 O_1 との交点 B を求める．求めるべき共通接線は，②で引いた接線と平行になることがわかる．つまり，点 B は求める共通接線の接点になっている．点 B から小さい円に接線を引くには，②の接線と平行に線を引いてもよいし，A.5 の作図法を使えば点 C が明確に定まる．もう一方の共通接線も，同様の手順で作図できる．上記の方法で接線を引くのが時間的に間に合わない場合でも，共通接線が円の中心点と接点を結ぶ直線と直交していることは確認すること．

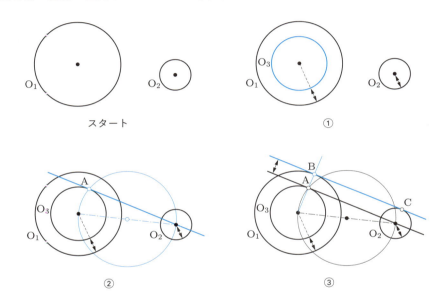

A.7　円周の長さを求める作図

円周の長さを作図で求める出番は多くはないが，作図方法は興味深い．本書では，8.2 節の円柱面の展開図を求める際に利用している．

右図に作図方法を示す．点 B における接線と交わる点 C（$\angle COB = 30°$）を求め，点 C からの接線長さが半径 R の 3 倍となる点 D を求めると，直線 AD が半円の周長にほぼ等しくなる．幾何学的関係より，半円の大きさを R とすると直線 AD は約 $3.1415 R$ となるので，作図としては十分に正確な周長が得られる．

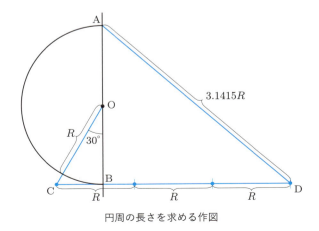

円周の長さを求める作図

A.8　重なり状態の判定法

重なり状態を判定する簡易的な方法を以下に説明する．まず，第 2 章で確認した二つの直線が交差している場合（**図 2.14** を再掲）を考えよう．この図では，平面図と正面図での交点が対応していないので，1 点で交わっていない．そこで，平面図上で 2 直線が重なっている箇所（破線で丸く囲った部分）でどちらの直線が上方（水平面に近い）かを判定する．それには，正面図でこの箇所に対応する位置関係を調べればよい．この例の場合，直線 AB の方が直線 CD より基準線に近いため水平面に近い位置にある．つまり，この付近では直線 AB の方が上方であることがわかる．同様に，正面図で重なっている箇所では，平面図で位置関係を調べると，直線 AB の方が直線 CD よりも手前にある（正面に近い）ことがわかる．

つまり，重なり状態は以下のルールで判定できる．

- 平面図における重なり状態は，正面図での位置関係で考える．
- 正面図における重なり状態は，平面図での位置関係で考える．

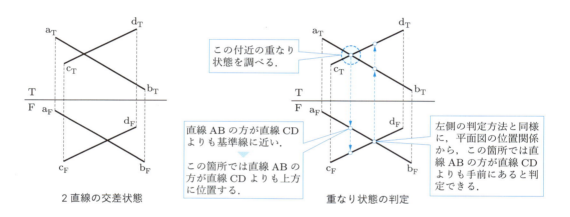

これを応用すると，平面と直線の重なり状態が判定できる．下の図は，切断平面法で交点が求められた**図 3.6** を再掲している．平面図において破線で丸く囲った箇所で，直線と三角形のどちらが上方に位置しているかを判定してみよう．直線と三角形の辺が交差している点について，対応する箇所を正面図で確認すると，三角形の端の方が直線よりも水平面に近いことがわかる．つ

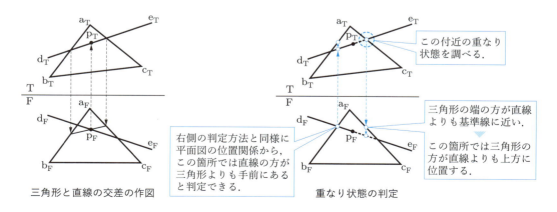

まり，三角形が上になっており，直線はこの付近では隠れていると判断できる．見えない箇所は破線で描くことになるので，**図 3.7** に示した重なり状態になることが理解できると思う．同様な方法で，平面どうしが交差した**図 3.13** の重なり状態や立体の相貫問題，たとえば練習問題〔5.2〕の三角柱と平面の重なり状態も判定できるので，各自で確認してほしい．なお，ここで示した補助線は，位置関係の確認用であり，作図線としては不要なので描かない．

練習問題解答

第1章

(1.1) 　図法幾何学では投影面と対象物の距離を意識することが重要であり，これは投影図では基準線から対象物までの距離として表現される．本解答例では，各投影面から対象物までの距離を，それぞれ1マスとして統一して描いている．

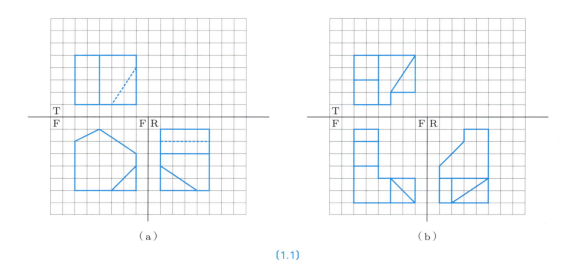

(1.1)

(1.2) 　3次元空間に浮かぶ直線上に存在する点は，投影図においても直線上にある．

(1.3) 　右側面図上で正面から2点（A，B）までの距離を測り，それを平面図にプロットする．

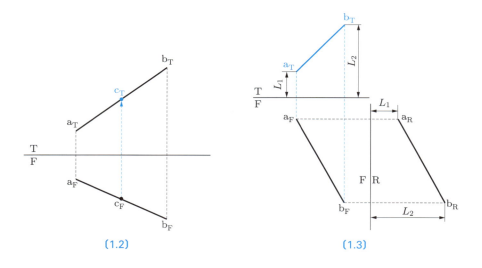

〔1.4〕 対象物の特徴点のそれぞれについて，平面図上で正面からの距離を測り，それを右側面図にプロットする．

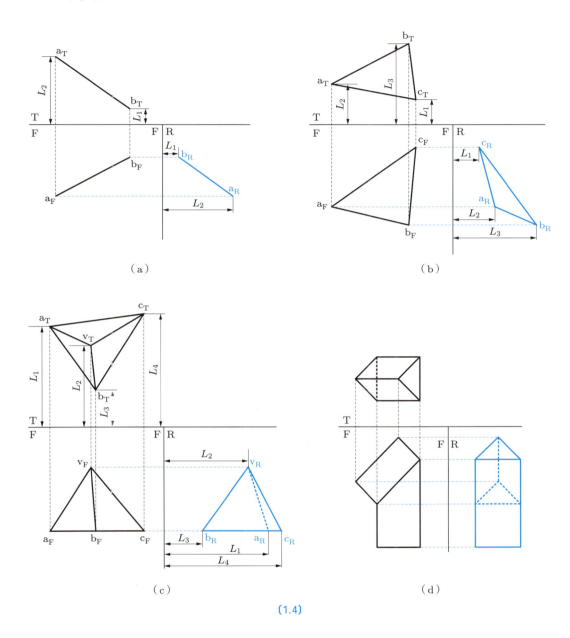

(1.4)

(1.5) 正面図の直線 $a_F b_F$ と平行な副基準線 F/1 を描いて，副投影図 1 を描く．このとき，a_1 と b_1 の基準線からの距離は，平面図から求められる．

(1.6) 直線 AB は水平面に対し平行であるので，a_F と b_F までの基準線からの距離は等しい．このため，与えられた副基準線による副投影図では同一の点として表現される．

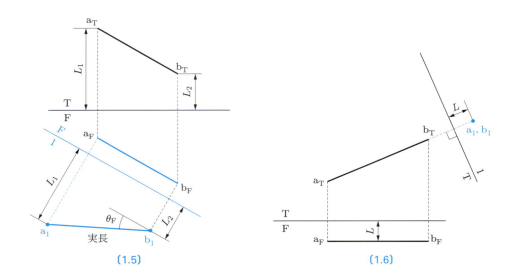

(1.7) 正面図上で水平面からの距離を測り，それを副投影図 1 にプロットする．平面図では上面および底面の三角形の実形が，副投影図 1 には稜の実長が描かれていることに注意しよう．

(1.8) 三角形 VBC の実形を得るためには，三角形を構成する三つの直線の実長を求める必要がある．直線 BC は水平面に平行なため，その水平面への投影 $b_T c_T$ は実長を示している．直線 VB および直線 VC については，それぞれの実長（TL_1 および TL_2）を，回転法を用いて正面図上に求めている．

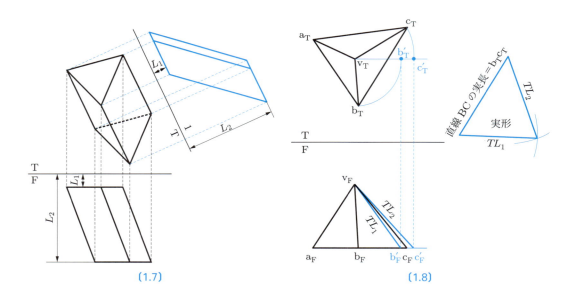

(1.9) 回転軸は水平面に垂直なので，平面図では a_T を中心とする円弧上に b'_T および c'_T は存在する．

(1.10) 副投影図を利用して正四面体の高さを求める．まず，直線 $c_T d_T$ に平行な副投影面 1 への投影を考える．このとき，直線 $c_1 d_1$ は実長となるので，$b_T c_T$ で与えられている実長 L_1 を用いて d_1 の位置を決定する．そして，ここで得られる四面体の高さ L_2 を用いて正面図を描いている．

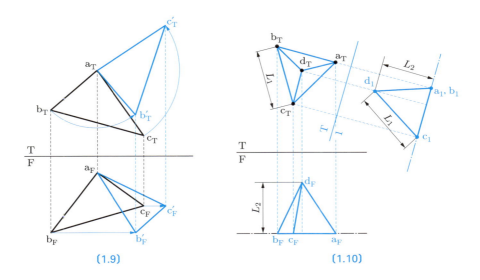

(1.9)　　　　　　　　　　(1.10)

第2章

(2.1) 三角形 ABC の直線視図を描けば，その直線上に点 d_1 が存在することを利用する．三角形の直線視図を副投影面 1 に描き，そのときの基準線 F/1 から d_1 までの距離 L を平面図上でプロットする．

(2.2) 四角形の直線視図を描く．四角形の 1 辺 CD が正面に平行であることを利用し，直線 $c_F d_F$ に直交する基準線 F/1 によって副投影図 1 を作図すれば，四角形が直線視図になる．

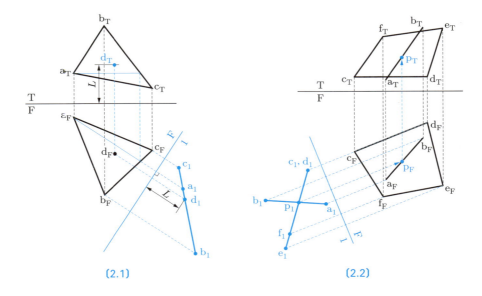

(2.1)　　　　　　　　　　(2.2)

(2.3) 三角柱の稜（軸方向）が水平面と平行に配置されているので，平面図に描かれた稜と直交する基準線 T/1 を描いて副投影図 1 を描く．

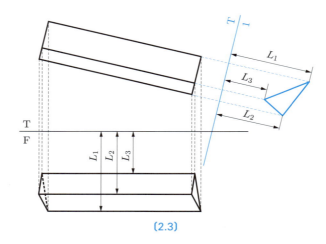

(2.3)

(2.4) 四角形 ABCD を二つの三角形（ABD と BCD）に分割して考える．四角形 ABCD の各頂点が同一平面上にあるなら，どちらかの三角形の直線視図を描いたときに残りの頂点もその直線上に存在する．解答例では，三角形 ABD の直線視図を副投影面 1 に描き，残る点 C の副投影図が直線視図上にないことを示している．

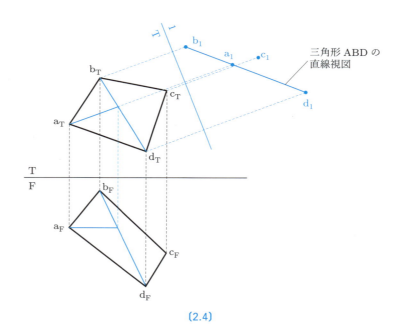

(2.4)

〔2.5〕 二つの三角形パネルがそれぞれ直線として見える方向から観察することを考える．この問題では，二つの三角形パネルが共有する直線 AB の実長が平面図に描かれているので，$a_T b_T$ に直交する基準線 T/1 を描いて副投影図 1 を作図すれば，直線 AB は点視図となる．すなわち，二つの三角形パネルがそれぞれ直線視図として描ける．

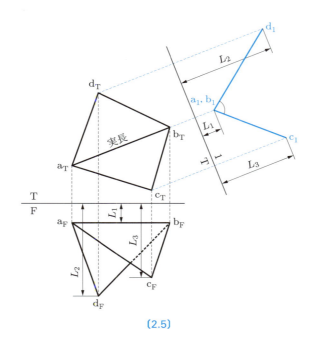

(2.5)

〔2.6〕 前問と同様に，二つの三角形パネルが共有する直線 AB の点視図を求めればよい．しかしこの問題では，直線 AB の実長が平面図にも正面図にも描かれていない．そこでまず，副投影図 1 において直線 AB の実長を求め，副投影図 2 で点視図としている．副投影図 2 を描く際の基準線からの距離に注意すること．

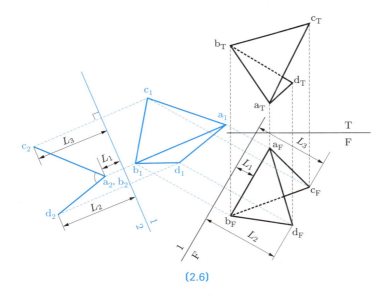

(2.6)

第3章

(3.1) ［直線を含む］かつ［水平面に垂直］な切断平面を利用している．

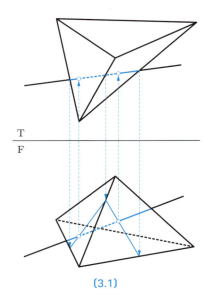

(3.1)

(3.2) ［直線を含む］かつ［水平面に垂直］な切断平面を利用している．

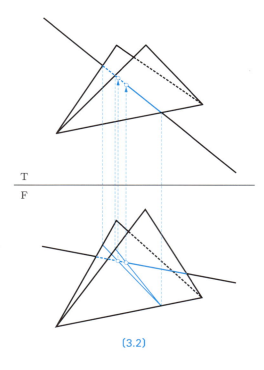

(3.2)

〔3.3〕 図 (a) は副投影法による作図を示しており，四角形の直線視図を副投影図 1 に描き，三角形との交点を求めている．図 (b) は切断平面法による作図を示しており，[三角形の辺を含む] かつ [正面に垂直] な平面で四角形を切断したときの交線を平面図で求め，この交線と三角形の辺の交点を求めている．なお，図 (a) と図 (b) はいずれも交線を求める方法だけを示しており，平面どうしの重なり状態を考慮して，隠れた箇所を破線で示すと，図 (c) のような解答となる．

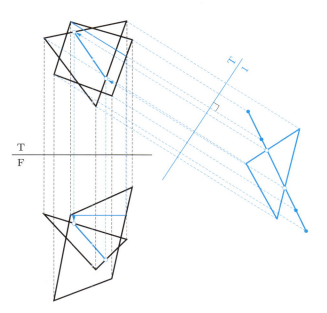

（a）副投影法による作図
（交線の求め方だけを示している）

（b）切断平面法による作図
（交線の求め方だけを示している）

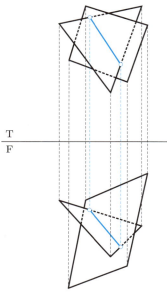

（c）平面どうしの重なり状態を考慮した解答

(3.3)

〔3.4〕 水平な平面で二つの三角形を同時に切断することを考える．このとき，二つの三角形の切り口（直線）は，同一平面上にあり，かつ，互いに平行ではないので，必ず交わる．また，二つの切り口を延長して得られる交点は，二つの三角形を拡張したときにできる交線の一部である．このことから，三角形の切断を複数行うことにより解が得られる．

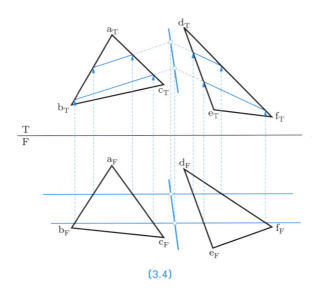

〔3.4〕

第4章

〔4.1〕 円錐の頂点Vと点Aを通る直線が底円を含む平面に交わる点Pを求め，p_Fを通る底円への接線（2本）を正面図に描く．

〔4.2〕 平面図および正面図において点Bを通り母線に平行な直線を描き，正面図において底円と同じ高さの点p_Fを求める．そして，平面図においてp_Tを通る底円への接線を描く．なお，円柱によって隠れた母線は破線で描いている．

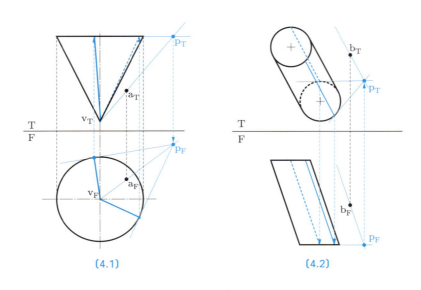

〔4.1〕　　　　　〔4.2〕

〔4.3〕 4.2.3項では，直線が正面図で点視図として与えられていた．この問題でも2回の副投影によって直線の点視図を描くことによって，接点を求めることができる．

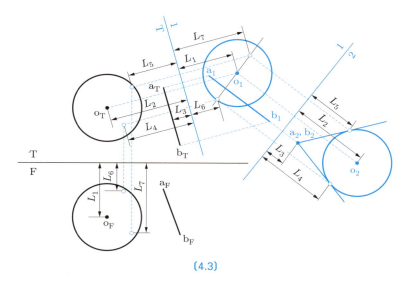

(4.3)

〔4.4〕 載せた球の中心をDとするとき，その平面図はa_T，b_Tおよびc_Tの中心となる．次に，平面図においてd_Tとc_Tを結ぶ直線に平行な副投影面1を考える．副投影図1では，CとDの中心を通る球の断面を描くものとして考えることができるので，c_1を中心とする円を描いた後，c_1から距離L_2の位置をプロットすることにより，d_1および二つの球の接点を決定することができる．副投影図1で求められた接触箇所を平面図と正面図に移すことにより，点Dを中心とする球が点Cを中心とする球と接する点が求められる．点Aや点Bを中心とする球との接点についても同様に求めることができるが，平面図において点Dから三つの接点までの距離が等しいことに注目すれば作図が容易になる．

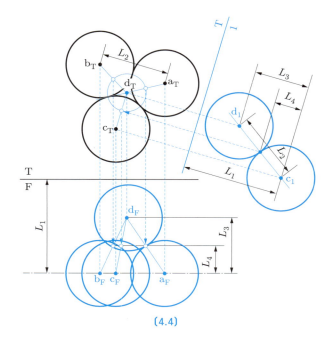

(4.4)

第 5 章

〔5.1〕 ここでは母線を利用した解法を示す．図（a）では，正面図において斜円錐を切断する平面の直線視図と斜円錐の外形状とが交わる高さでの水平な補助平面を用いて切断面の端点を求めている．図（b）では，平面図において任意に描いた母線を正面図に移し，これと斜円錐を切断する平面との交点を求めている．この作業を繰り返して，図（c）に示す解を得ることができる．

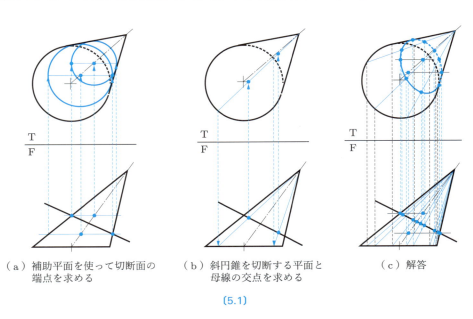

（a）補助平面を使って切断面の　　（b）斜円錐を切断する平面と　　（c）解答
　　　端点を求める　　　　　　　　　　母線の交点を求める

〔5.1〕

〔5.2〕 図（a）は副投影法による作図を示しており，三角形の直線視図を副投影図1に描き，三角柱の稜との交点を求めている．

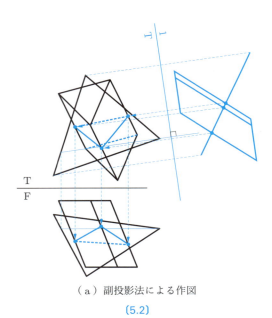

（a）副投影法による作図

〔5.2〕

図(b)は切断平面法による作図を示しており，[三角柱の稜を含む]かつ[水平面に垂直]な平面で三角形を切断したときの交線を正面図で求め，この交線と三角柱の稜の交点から切断面を求めている．図(c)は重なり状態を考慮して隠された部分を破線で示している．

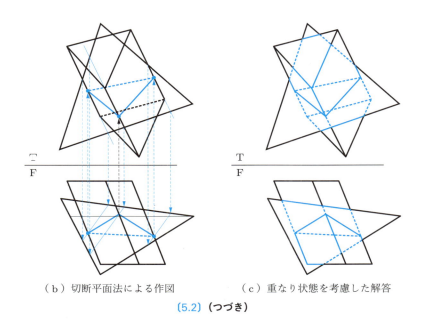

（b）切断平面法による作図　　　（c）重なり状態を考慮した解答

(5.2)（つづき）

(5.3) 水平な補助平面で対象物を切断すると，切断面が円形になることを利用する．なお，図(b)の解答では，図を見やすくするため対応線を一部しか描いていない．

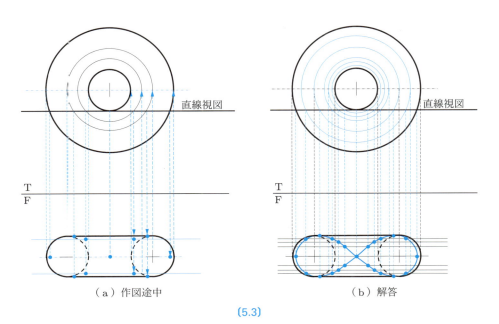

（a）作図途中　　　　　　　　（b）解答

(5.3)

(5.4) 三角柱の稜が立方体の面と交わる交点は，平面図での交点を正面図に移すことで容易に見つけることができる．立方体の辺が三角柱の面と交わる交点は，5.2.1項で述べた解法と同様に，副投影法を用いて求めている．

(5.5) ここでは母線を利用した解法を示す．平面図において複数の母線を描き，これらと円柱の端形図との交点を正面図に移している．なお，相貫線を正確に描くためには，円柱の端形図に接する母線2本および円柱の中心を通る母線を利用する必要がある．なお，解答では，図を見やすくするため対応線を一部しか描いていない．

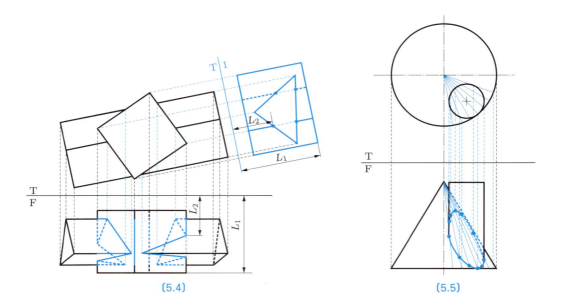

(5.4)　　　　　　　　　　(5.5)

(5.6) ここでは補助平面を利用した解法を示す．正面に平行な補助平面を考え，右側面図における補助平面の直線視図と半円柱の端形図との交点，および，平面図における補助平面の直線視図と立方体の端形図との交点を正面図にプロットすることによって相貫線を求めている．なお，解答では，図を見やすくするため対応線を一部しか描いていない．

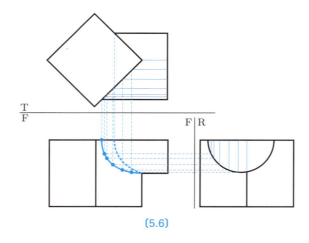

(5.6)

第6章

(6.1) 図 (a) にミリタリ投影図, 図 (b) にカバリエ投影図を示す. ミリタリ投影図を描く場合には, 平面図の情報に基づき δ の角度で回転した上面を描いてから, 正面図や右側面図の情報で高さ方向を描く. カバリエ投影図を描く場合には, 正面図の情報から前面を描いてから, δ の角度で奥行き方向を描く.

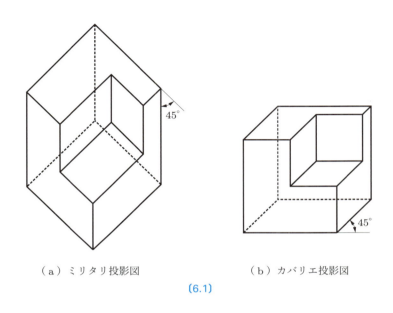

(a) ミリタリ投影図 　　　(b) カバリエ投影図

(6.1)

(6.2) 等測図を描く際には, 主投影図で与えられた寸法をそのまま用いることが重要である.

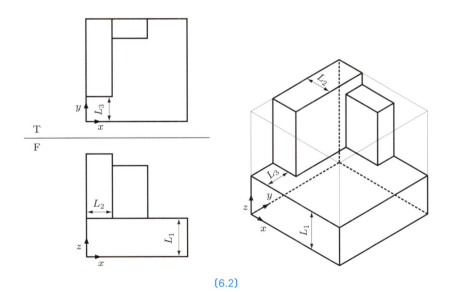

(6.2)

(6.3) 立体形状によっては，主投影図が非常に単純であるにもかかわらず，実際の形状を把握しにくい場合がある．このような場合にも，形状を正しく伝える手段として，等測図は有用である．

(6.4) 前問よりも主投影図が複雑なため，それによってさらに実形状を把握することが困難な問題となっている．

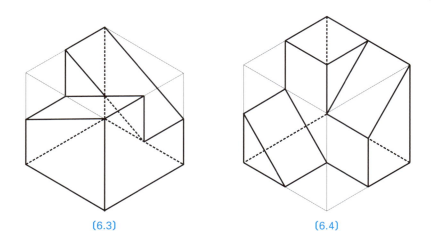

　　　　　　　(6.3)　　　　　　　　　　　　　(6.4)

(6.5) 水平面および正面に平行に配置された単位長さの立方体の等軸測投影を，図6.4に示すように2回の副投影で求める際，副投影図1上に辺の長さが $1 : \sqrt{2} : \sqrt{3}$ となる直角三角形 $a_1 b_1 c_1$ を見つけることができる．これは，別の三角形 $b_1 c_1 d_1$ と相似の関係にあり，辺の長さの比例関係から等軸測投影したときの1辺の長さを $\sqrt{2/3}$ と求めることができる．

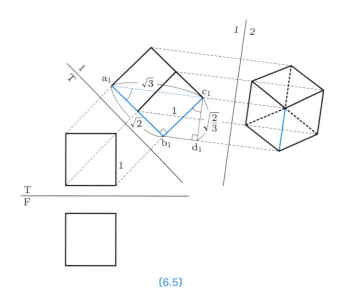

(6.5)

第 7 章

(7.1)　直接法では，[s_T から平面図の特徴点を結ぶ直線が基準線 T/P と交差する位置] および [s_R から右側面図の特徴点を結ぶ直線が基準線 P/R と交差する高さ] の情報で透視図を描く．

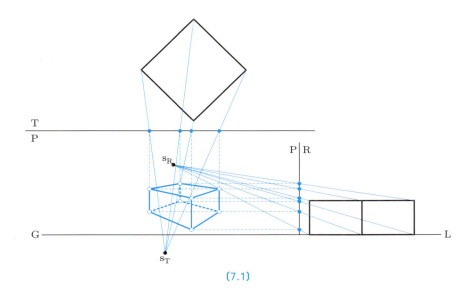

(7.1)

(7.2)　円を多角形として近似して特徴点を設定し，各特徴点の透視図をなめらかにつなぐことによって曲面を表現する．また，s_T から平面図に描かれた円形に対して接線を描くことによって，透視図のもっとも外側の位置を定めている．

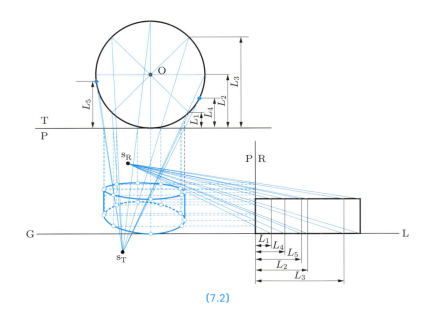

(7.2)

[7.3] 全透視図の交点を求める際に，立体の線分との対応関係に注意すること．

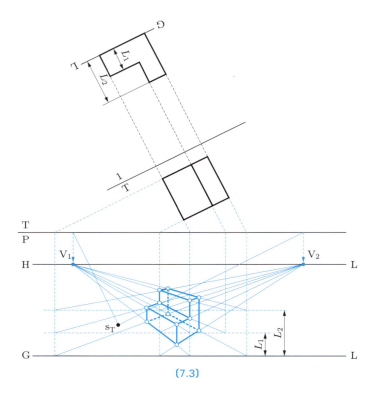

(7.3)

[7.4] 解答図では，立体を構成する辺の一部分についてだけ，消点法による透視図の求め方を示している．基面に対して斜めの直線についても，その方向成分の消点を求めずに透視図を描いていることに注意しよう．

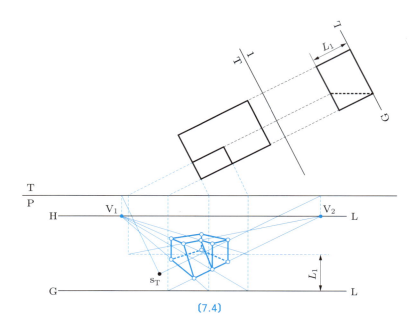

(7.4)

第8章

〔8.1〕 側面の四角形を二つの三角形と考え，各辺の実長を求めることによって四角形の実形を求める．ここでは，四角形 ABCD を三角形 ABC と三角形 ACD に分割し，回転法によって直線 AB，AC および DC の実長を求めている．他の面についても同様の作業を繰り返す．

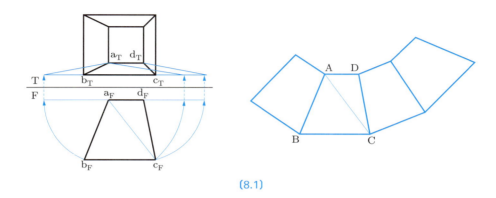

〔8.1〕

〔8.2〕 三角錐の展開図を描き，そこから切り取られた部分を削除することを考える．ここでは，三角形 VAB について回転法により直線 VA および VB の実長を求めた後，切り取られた部分の長さ L_1 および L_2 を求めている．他の面についても同様の作業を繰り返す．

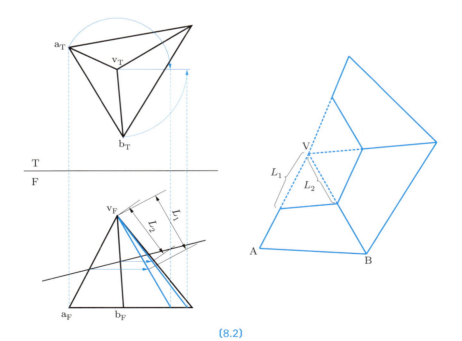

〔8.2〕

118　練習問題解答

〔8.3〕　斜三角柱の展開図は三つの平行四辺形となる．この問題では，斜三角柱が水平面に平行に置かれているため，平面図に稜の実長が描かれている．そして，斜三角柱の端形図を描くことにより平行四辺形の高さが求められる．なお，解答図では平面図に実長で示された稜を利用して展開図を描いている．

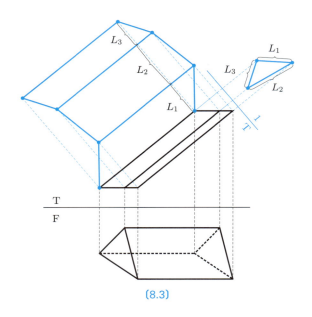

(8.3)

〔8.4〕　上下端面の正六角形はそれぞれ水平なため，平面図に実形が与えられている．側面の三角形の実形は，直線 BC を軸に点 A を回転させることによって求めることができる．

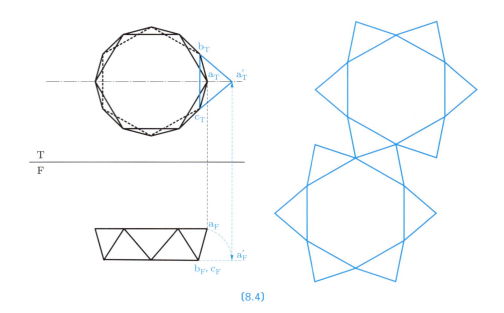

(8.4)

〔8.5〕 付録 A.7 で述べた作図法で円周の長さを求めてから，円柱面を多角形に分割して展開図を求める．ここでは 8 分割する場合を示している．

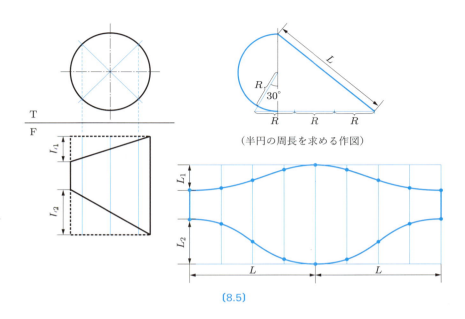

(8.5)

〔8.6〕 円錐と円柱に分解して展開図を作成する．円錐部については，例題 8-2 と同様に，8 分割したときの各母線の実長を回転法により正面図にて求め，円錐の展開図上にプロットしている．円柱部については，副投影図 1 に端形図を描き，前問と同様にプロットしている．

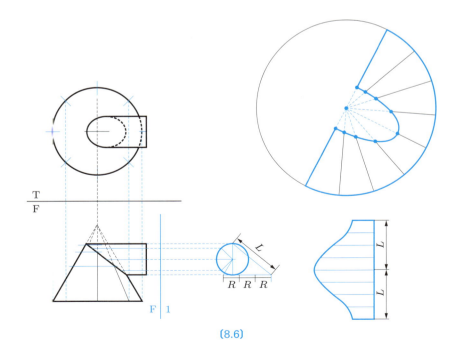

(8.6)

あとがき

　ワープロ，コンピュータ，スマートフォンの普及によって漢字が書けなくなったという嘆きをしばしば耳にする（筆者らも痛感している）．それと同様に，脳内で形をイメージする力も，コンピュータによる図形処理の浸透で低下しているのではないだろうか．毎日，コンピュータによる恩恵を受けているとこんな不安が頭をよぎる．コンピュータの活用はもちろん重要であるが，創造性を発揮するには「手」から学ぶ訓練が不可欠であると思う．いささか我田引水的な考えであるが，今日，図学（図法幾何学）を学ぶことの意義は，まさにこの点にあるのではないだろうか．残念ながら，高等教育で形の論理を学ぶ機会は減ってきている．このような現状を踏まえて，図法幾何学の基礎的内容に限定し，教科書として講義に利用することを考えながら本書を執筆した．以下に，本書を執筆するにあたって参考にした書籍を挙げておく．

　参考文献 1）は，第一角法の表記で記されているが，図法幾何学の基本的な考え方はこの本から受け継いでいる．参考文献 2）は米国で使用されている教科書であり，第三角法で記述されている．総ページ数 446 ページとボリュームはあるが，大変わかりやすく書かれている．参考文献3）～ 6）は，第三角法による日本の図学教科書であり，適宜参考にさせていただいた．なお，本書は機械製図に準拠した形の表現方法を用いているが，機械製図の知識や記述法は最小限に留めている．機械製図の基本を知りたい人のために参考文献 7）を挙げておく．

　また，本書に沿った講義資料は，森北出版株式会社のホームページ（https://www.morikita.co.jp/books/mid/066732）に掲載しているので，興味のある方はご覧いただきたい．

参考文献

1）須藤利一：図学概論［増補］，東京大学出版会，1961 年
2）E. G. Pare, R. O. Loving, I. L. Hill, R. C. Pare: *Descriptive Geometry* [9th ed.], Prentice Hall, 1997
3）岩井實，石川義雄，喜山宜志明，佐久田博司：基礎応用 第三角法図学（第 3 版），森北出版，2019 年
4）近藤誠造：基準面による 第三角法図学，養賢堂，1985 年
5）磯田浩，鈴木賢次郎：工学基礎 図学と製図［第 3 版］，サイエンス社，2018 年
6）原正敏：最新機械工学講座 図学，産業図書，1967 年
7）藤本元，御牧拓郎監修：初心者のための機械製図（第 4 版），森北出版，2015 年

さくいん

■ア　行
アイソメ図　　59

■カ　行
回転法　　7，10
カバリエ投影　　61
カビネ投影　　63
画　面　　67
機械製図　　13
基準線　　3，4
基　線　　68
基　面　　67
交　線　　32，36

■サ　行
作　図　　1
3 軸測投影　　59
3 軸測投影図　　59
三面図　　14
視距離　　67
軸測投影　　57，58
視　高　　67
実　長　　6
斜軸測投影　　57，61，63
斜投影　　57，61，62
主投影図　　3
主投影面　　3
消　点　　71
消点法　　68
正投影　　2
正　面　　3
正面視線　　13
正面図　　3
垂直投影　　57
水平面　　3
図法幾何学　　1
切断平面　　34
切断平面法　　32，33，34
切断面　　48
接平面　　41
全透視図　　74
相　貫　　50

相貫線　　50

■タ　行
第一角法　　3
第三角法　　2
端形図　　19
中心投影　　57，67
直接法　　68
直線視図　　19
展　開　　86
展開図　　86
点視図　　19
投　影　　1
投影線　　2
投影面　　1
等軸測投影　　59
等軸測投影図　　59
透視図　　67
透視投影　　57，67
等測図　　59

■ナ　行
2 軸測投影　　59
2 軸測投影図　　59

■ハ　行
副基準線　　9
副投影　　8
副投影図　　8
副投影法　　7，8
副投影面　　8
平行投影　　57
平面視線　　13
平面図　　3
母　線　　40

■マ　行
右側面　　3
右側面視線　　13
右側面図　　3
ミリタリ投影　　61，62

著 者 略 歴

伊能　教夫（いのう・のりお）
1976 年　東京工業大学工学部機械物理工学科卒業
1978 年　東京工業大学大学院理工学研究科機械物理工学専攻修士課程修了
1978 年　東京工業大学大学院理工学研究科機械物理工学専攻博士課程入学
1979 年　東京工業大学工学部機械物理工学科助手
1989 年　東京工業大学工学部機械物理工学科助教授
2000 年　東京工業大学大学院理工学研究科機械制御システム専攻教授
2019 年　東京工業大学名誉教授
　　　　　現在に至る
　　　　　工学博士

小関　道彦（こせき・みちひこ）
1994 年　東京工業大学工学部機械物理工学科卒業
1996 年　東京工業大学大学院理工学研究科機械物理工学専攻修士課程修了
1996 年　富士通株式会社入社
2001 年　東京工業大学大学院理工学研究科機械制御システム専攻助手
2007 年　東京工業大学大学院理工学研究科機械制御システム専攻助教
2009 年　信州大学繊維学部准教授
2019 年　信州大学繊維学部教授
　　　　　現在に至る
　　　　　博士（工学）

編集担当	大野裕司（森北出版）
編集責任	富井　晃（森北出版）
組　版	創栄図書印刷
印　刷	同
製　本	同

例題で学ぶ 図学（新装版）　　　　　　　　　© 伊能教夫・小関道彦　2019
第三角法による図法幾何学

2009 年 11 月 24 日　第 1 版第 1 刷発行	【本書の無断転載を禁ず】
2019 年 3 月 8 日　第 1 版第 9 刷発行	
2019 年 10 月 31 日　新装版第 1 刷発行	
2025 年 2 月 10 日　新装版第 5 刷発行	

著　　者　伊能教夫・小関道彦
発 行 者　森北博巳
発 行 所　森北出版株式会社
　　　　　東京都千代田区富士見 1-4-11　（〒102-0071）
　　　　　電話 03-3265-8341／FAX 03-3264-8709
　　　　　https://www.morikita.co.jp/
　　　　　日本書籍出版協会・自然科学書協会　会員
　　　　　JCOPY ＜（一社）出版者著作権管理機構　委託出版物＞

落丁・乱丁本はお取替えいたします

Printed in Japan／ISBN978-4-627-66732-7